高等院校服装专业教程

# 服装表演实训

郭海燕　编著

西南师范大学出版社

# 前言

　　服装表演专业于20世纪90年代初登上了中国大学教育的舞台，从初始的专科教育到20世纪90年代末成为本科教育，这一专业发展至今已有二十余年的历史，全国已有百余所院校开设服装表演专业，很多高校已经开始招收服装表演专业的硕士研究生。随着现代经济的发展，市场对服装表演人才的需求量呈现出逐年上升的趋势，促进了服装表演专业学生综合素质的提高。服装表演专业是我国独有的一门高校学科，服装模特除了要有靓丽的外形，还应该是有学历、有文化、有修养的专业技能型人才。服装表演课程是一门实践性很强的课程，表演技巧训练需要在实践中学习和加强，课堂教学须紧密结合舞台以实现基本表演技能到表演能力的转变，让学生具备表现各种服装的综合表演能力以及编排设计能力。《服装表演实训》一书结合本人多年的专业教学经验编写而成，旨在使学生了解服装表演的起源和发展，了解不同类型的服装表演及模特，了解服装表演的相关工作程序和具体内容，掌握服装表演的各种展示技巧、编排、设计及运用。

　　本书适用于服装艺术本科教学，也可供艺术类高职、高专以及准备参加艺术类（表演）考试的考生们作为参考用书。

编者

高等院校服装专业教程

服装表演实训

# 目录

# 第一章　服装表演概述

服装表演（Fashion Show）是由服装模特在特定的场所通过特定的步伐节奏并结合各种动作及造型的方式，来展示服装的一种活动。模特通过肢体语言、表现力等把服装设计的意境和目标生动直观地传达给观众，达到完美的艺术表现效果。

服装表演是一场视听盛宴，是时尚的象征，是美的享受。这样一种艺术形式，它的发展是值得研究的。中西方服装表演在发展过程中形成了各自的特色及风格，同时承载了各自丰富的文化内涵与美学意蕴。

当今的服装表演艺术，是将艺术、文化、表演融合在一起，以模特作为载体形成的一个综合性的表演展示艺术。如今，这门艺术在高校中的发展也日趋蓬勃向上。它是一门新兴学科，体现了高层次的艺术价值与深厚的学术价值，为服装行业的发展开辟了新的天地。

图 1-1

# 一　服装表演的起源与发展

## （一）服装表演的起源

### 1. 玩偶时代

世界上原本没有服装表演和"模特"这个词。追溯时装模特的起源，人们发现它最早是在 14 世纪末流行于法国宫廷的一种时尚。早在 1391 年，法国查理六世的妻子巴伐利亚的伊莎贝拉王后发明了一种叫作时装玩偶（Fashion Doll）的玩具礼品，并送给了英国国王理查德三世的妻子波希米西亚的爱娜皇后。这种用木材和黏土制成的时装玩偶，和真人大致相同，伊莎贝拉为玩偶穿上当时宫廷内的新款时装，使其形象非常漂亮且时髦，它已经有些类似于今天陈列在时装店的人体模型了，只是前者是为了贵族的消遣生活，而后者具有很强的商业目的。

图 1-2

由于时装玩偶的发明，又因伊莎贝拉的推崇，贵族阶层的人们争相模仿，他们把这种玩偶从一个宫廷赠送到另一个宫廷，一时间形成一种礼仪和风俗。即使在战争时期，赠送玩偶的活动也没有停止过。曾有记载，英法战争时，英国港口对外界的一切都实行封锁，但对时装玩偶给予放行。由此可见，时装玩偶的魅力和它对当时社会所起的作用。这种用于赠送的、表示善意的礼物也被称为玩偶模特（Model Dolls）。这算是最早称呼展示服装的人为模特（Model 的中文音译）的年代了。

到了 16 世纪，一位来自凡尔赛的法国设计师罗斯·贝尔坦（Rose Bertin）最先在商业活动中使用人造的人体模特，有时为了宣传自己的作品，她也将服装连同人体模特一起送给高级顾客。（图 1-1、图 1-2）

随后，用玩偶模特来交流时装信息的方法很快在欧洲流行起来。1896 年，英国伦敦首次举办了玩偶时装表演，并获得了巨大成功，各路媒体争相报道，在时装界也引起了强烈反响。接着，创刊于 1892 年 12 月的著名杂志《时尚》(*VOGUE*)也于同年 3 月，在美国纽约举办了为期三天的玩偶时装表演。在时装表演史上，这场义演被称为玩偶模特秀(Model Doll Show)，它是现代时装表演的最早开端。人造人体模特在商业上的大量使用，预示着时装玩偶时代即将结束。

### 2. 沃斯时代

查尔斯·弗雷德里克·沃斯 (Charles Frederick Worth，1826~1895)(图 1-3)是一位开创法国高级时装的英国人，同时，他也是第一个使用真人时装模特的人，是现代时装表演的奠基者。沃斯生于英国的林肯郡，父亲是一名律师，但因为好赌致使家道中落。11 岁时，沃斯便不得不辍学进入一家印刷厂当学徒，后来又进入伦敦洛易斯·安东·阿尔比服装材料店当学徒。1845 年，沃斯结束 7 年的学徒生活，来到法国巴黎，进入制作真丝外套和披肩的公司工作。一天，有一位布匹商前来订货，沃斯就千方百计地介绍自己设计的作品，却还是感觉词不达意。这时店里正巧有一位体型完美、年轻漂亮的英国籍营业员玛丽·韦尔娜(Marie Vernet)小姐，沃斯灵机一动，就突发奇想地让韦尔娜披上披巾，向商人展示立体的动感效果。之后他经常采用这种方法，使生意愈加兴隆。韦尔娜小姐就成了世界上第一位真人时装模特，后来也变成了沃斯的夫人。1851 年，沃斯参加伦敦的万国博览会，他设计的礼服得到极大好评。在 1855 年的巴黎世界博览会上，沃斯展出了一种新礼服，肩部下垂，线条别具一格，成为世博会上一道亮丽的风景，几乎吸引了每一位女士艳羡的眼神，最终荣获金牌，如图 1-4、图 1-5。为了这些礼服的设计，沃斯请其夫人一遍一遍试穿并走动、展示，以观察、修改着装效果，这种以实际人体着衣的模特展示，成为后来时装模特表演的开端。使用真人模特在商业上的成功，也使沃斯于 1858 年结束了打工生涯，他与一个瑞典朋友合伙在巴黎开办了第一家高级女装店，他设计的时装款式新颖而优雅，欧洲王室成员、英国女王维多利亚、时装经营商等都慕名而来请他设计、制作服装。随着时装店的发展和扩大，他们又雇用了几位年轻漂亮的女郎组成时装表演队，专门从事时装表演工作，这支时装表演队就是世界上第一支时装表演队，并从此不断扩大时装表演的事业。沃斯被人们称为"近代巴黎女装之父""高级时装之父"，他所在的时期也被称为"沃斯时代"。沃斯时代的到来，标志着真人模特展示时装作品的开始。

图 1-3

图 1-4

图 1-5

### (二)服装表演的发展

到了 19 世纪末 20 世纪初,巴黎相继开办了多家高级女装店,时装模特的表演也进入了发展期。到 1905 年,欧洲一些大型的服装店都定期举办时装表演。当时向顾客介绍的是黑色长袖立领的紧身女装。因为这一款式在上流社会的妇女中比较流行,当时表演时装的女子被称为"模特小姐",后来又叫作"模特儿"或"模特"(本书中统一用"模特")。第一次真正具有规模的时装表演,是 1908 年在英国伦敦举行的。当时在演出前会有一个跟班负责迎接顾客,并散发一份详细的节目单,模特在乐队演奏的乐曲声中先后出场。

随着国际性交流的日益频繁,美国中西部的一些时装制造商也开始举办商业性的时装表演。1914 年 8 月 18 日,芝加哥举办了美国的首次服装表演。芝加哥是当时成衣制造业的中心,该活动由芝加哥服装生产商协会主办,场面盛况空前,在当时被称为世界上最大型的服装表演,那场秀一共雇用了 100 名模特,并向在场的 5000 名观众展示了 250 套高级成衣,被誉为"世界时尚界的一场盛宴"。狂放不羁的作品引领了当时的时装潮流,这些一流的成衣是在明尼阿波利斯、底特律、芝加哥及周边城市制作完成的。这次表演具有三大特点:一是这场时装秀被拍成电影并在全美各地的影院公映;二是选用了大型的舞台,表演台宽 21.4 米、长 30.5 米,除此之外,还有一条一直延伸到观众席的通道,这可以说是最初的"T 形台"了;三是表演时装模特的速度很慢,每位模特有 1 分 20 秒的时间,从后台走到前台。这次表演显示了后来居上的美国服装工业的发展实力,也为服装表演和模特行业的繁荣起到了推动作用。

在当时,模特这个职业并不被看好,甚至被认为不是女性所应当从事的职业,大多数模特其实都是由商店推销员、歌舞女郎和兼职演员来充当的。但当巴黎设计师让·帕图(Jean Patou)(图 1-6)在法国发起了招聘才貌双全的年轻女性来他的沙龙进行专业时装表演时,这一传统概念开始发生改变。他首先开始注重模特的文化素养和品位,使模特表演登上了大雅之堂。当时他雇用了一些聪明且有教养的女孩儿在巴黎的时装沙龙里进行表演,被具有宫廷文化传统、以追求高贵典雅的法国社会所接

图 1-6          图 1-7

受。随后,又有人开始用社交明星和著名女演员充当时装模特,这不仅进一步提高了时装模特的社会地位,而且还促进了模特舞台表演水平的提高。1926 年左右,帕图从美国带来了 6 个姑娘让她们和法国的模特同台演出,这些姑娘天生丽质,而且自由洒脱,充满活力,代表着新时代都市青年的文化和风格,同时改变了欧洲服装界保守的观念,美国姑娘的苗条和健美体形成了完美体形。此外,帕图对服装表演的开场和终场的编排有了进一步的改善和提高。

20 世纪 20 年代出现了摄影模特,巴黎《时尚》杂志的编辑,第一个将走台模特的照片运用到杂志中去。随着时尚摄影的蓬勃发展,社会对模特的需求开始增长,由此,模特经纪人公司应运而生,主要从事模特管理与中介工作。1928 年,美国纽约诞生了世界上第一家模特经纪公司,该公司由约翰·罗伯特·鲍尔斯(John Robert Powers)(图 1-7)创立,他原是一名导演,招揽女演员和具有明星潜质的朋友作为旗下的模特。随后又出现了一些专门从事时装表演制作的职业制作人和其他一些模特代理公司。在纽约,时装模特产业日益壮大并走向成熟。

在 20 世纪上半叶,模特及时装表演开始走向繁荣。1937 年,美国首次在女装表演中引进了男装表演,由此,男模诞生了。20 世纪 30 年代,开始涌现出一批明星模特,时装模特开始变成一个令人注目的职业,媒体报道的大量介入,也使欣赏时装表演成为人们时尚生活的一项重要内容。在哈特福德(H.Hartfort)的支持下,康诺弗(Harry Conover)成立了自己的模特机构,实行担保人制度,发给模特固定工资,演出酬金另算,他使模特这一职业更加稳定。

广告业的发展,使模特的收入大幅度地提高。在1940年,广告商一次性付给模特的酬金在25美元左右,到了20世纪70年代末,一位纽约名模在商业广告活动中可获日薪5000美元,使模特进入了高收入阶层。超级名模的地位与身价被提升到了前所未有的高度,日薪甚至到了1000美元,而且还有大量的广告商、电影制片人、电视台在等着与她们签约。

经济的发展使时装业和模特业更加迅速成长,其风格、作用、分类都向着多元化的方向发展。整体制作技术不断完善,编导组织更加强调灯光、舞美、音乐的有机合成,模特的表演水平更加专业化,模特的身材类型也随着时尚的要求不断地推出新形象,这一切都预示着这一行业将步入一个更加繁荣的时期。

崔姬,1949年9月出生,是20世纪六七十年代最走红的模特,也是模特职业问世以来的第一个超级名模。她身材瘦小,大眼睛,短头发,是20世纪60年代时尚的典型代表,在她的影响下,一批又一批姑娘在T台上从平凡走向超模。她将这个行业带入了一个全新的领域。(图1-8~图1-10)

20世纪70年代,模特容貌的多样化开始逐渐为世人所接受。在此之前,经典的美人脸盛行不衰。直到1975年,模特经纪人Wilhelmina采用了两位有雀斑的模特作为《时尚》封面女郎,雀斑才摘掉了"美人瑕疵"的帽子,成了一种别样的美丽符号(图1-11)。1977年,大号体型(10码以上)的模特也横空出世,模特公司突破审美固定的局限。到了20世纪80年代以后,随着人口平均年龄的上浮,40岁左右的中年模特也开始在时尚界崭露头角。

图1-8　　　　　　　　图1-9　　　　　　　　图1-10　　　　　　　　图1-11

图1-12　　　　　　　　图1-13　　　　　　　　图1-14　　　　　　　　图1-15

20世纪80年代,一大批"超级名模"(图1-12)涌现出来。她们是"明星中的明星",与此同时,模特业的经营也进一步呈现出发散的趋势,涉及广告、影视、娱乐等产业。克罗迪娅·希弗(图1-13)、辛迪·克劳馥(图1-14)、纳奥米·坎贝尔(图1-15)等超级名模成为许多国际名牌的代言人,她们也因此在全世界家喻户晓,成为优雅、富有、时尚、高贵的代名词。

进入21世纪,服装表演经历了漫长的演变过程,出现丰富多彩的局面,全球化浪潮席卷了所有经济领域,时装模特业也一样开始了全球化、多元化。首先表现在地域上的急剧扩散,美国和欧洲各国的时装模特业纷纷到东亚、中东欧、俄罗斯、拉美等国家和地区开发市场，欧美等国的模特公司还通过举办各种形式的模特大赛，如世界超模大赛（图1-16）、亚洲超模大赛（图1-17）等，来推销自己对模特业的理念，从而影响各国时装业。其次是发掘不同种族的模特，大胆吸收黑色人种和黄色人种，以多元化来改变白人模特占时装市场主流的状况。但模特业从它诞生之日就深深地打上了文化的烙印，欧美各国模特业的扩张必然和其他国家地区原有的文化传统、审美观点、时尚理念发生碰撞。模特审美观念出现了前所未有的多变情况。有复古风潮，有倾向自然，有以肥、丑为美，有讲究纯美可爱、曲线玲珑，有选择身段平平、纤弱病态……各种风格的模特审美观点也催生了形态各异的时尚潮流。文化的碰撞，使得各国模特业不得不调整自身，以适应全球化的需要。现在的模特行业，随着从业人员的日渐成熟，渐渐呈现出更为多元化的面貌，从经营决策者到艺术策划人，从超级模特到舞台制作，都能让我们感受到模特行业日新月异的变化。在时尚流动的今天，可以说模特行业的发展速度之快、规模化经营程度之高，都足以让其他行业刮目相看，甚至经济学家、社会学家都开始关注这个新兴的美丽产业。我们都坚信，模特行业将继续大步前进，有着更宽广的未来。

## 二　中国服装表演的发展

### （一）中国早期的服装表演

如今在中国，服装表演业异常繁荣，各种服装品牌发布会、流行趋势发布会、车展、服装设计大赛、模特大赛等已经司空见惯。但是，中国最早的时装表演始于何时呢？恐怕知者寥寥。

保守是中国人的特点，也是中国的传统。孔老夫子曾言："服之不衷，身之灾也。"意思是穿衣不当，就会招致灭顶之灾。这成为中国人千百年来着衣的座右铭。历朝历代，都有各自的服装。直到1898年戊戌变法时，康有为鼓动光绪皇帝"身先断发易服"，以激发国人奋进。然而，在封建思想根深蒂固的中国，断发易服谈何容易。直到1919年（一说1923年）由陆军制服改良而成的中山装才开始流行。此时，各种"文明新装"风行一时，当然，旗袍是当时女性的主流服装。服装的变革，必将引发一场服装的"革命"，其标志就是中国的第一次时装表演。1926年11月15日，上海联青社的游艺会举办了中国第一场时装表演，"由社员眷属及闺秀名媛担任之，新式服装、旧时衣裳，自春徂冬，四季咸备，新颖别致，饶有兴趣，为沪上破天荒之表演"，但由于其规模太小，对当时社会的影响并不大。

图1-16

图1-17

图 1-18

图 1-19

1930 年 10 月 9 日,上海美亚织绸厂建厂十周年,在一名从美国留学归来的总经理蔡声白先生(图 1-18)的组织下,在上海著名的交际场所——大华饭店舞厅以展示本厂绚丽多彩的丝绸面料为目的,举行了中国历史上第一场真正的服装表演。这一活动在国内尚属首创,引起了不小的轰动,上海著名的《申报》为这次演出做了连续 3 天的报道,政商要人及社会名流也前去观摩,观众约 2000 人,著名的影星胡蝶专赠照片一张并称赞美亚绸缎是她最喜欢的服装面料。此后,美亚织绸厂广招仕女,并吸收交际花、影星、政要夫人等,组成了模特表演队。1932 年,表演队发展到 22 人,她们常常结合产品展销举办服装表演,有时利用中国传统庙会中的抬阁形式,由模特着装上台,以人力抬着巡回演出。与此同时,美亚织绸厂还把服装表演拍成电影,去东南亚宣传,为销售广开宣传之门,取得了良好的效果。

1930 年底,上海举办第三届国货展览会,由名媛闺秀充当模特表演的时装,端庄大方,新颖别致,中西兼备,充满了时代特色。1931 年 1 月 10 日,广州市也在第一次国货展览会时,举行了一场时装表演,不仅对提倡国货起到重要作用,而且还引起了美术界对时装设计的浓厚兴趣。1932 年,得益于海外人员的资助,在当时上海著名的游乐场所出现了洋

图 1-20

装表演。模特们均来自欧美,展示服装包括礼服、日常服和运动服,表演全都属于欧美当时的服装表演形式,编排和舞美皆极具水平。(图 1-19)

### (二)现代的服装表演

中华人民共和国成立后,一直到 20 世纪 70 年代末期,未曾见过有关服装表演的报道,这段日子是中国服装表演的低谷期。对于改革开放之初的中国人来说,当满大街都是蓝白灰的海洋时,时装表演绝对称得上是一个惊世骇俗的新名词。直到 1979 年初春,法国著名时装设计大师皮尔·卡丹(图 1-20)带领 8 名法国模特和 4 名日本模特分别在上海、北京举办了时装展示会。不过对参加展示会的观众有许多限制,提出一些硬性规定:对所有观看人员进行政审,一律对号入座记录姓名,入场券不得转让;"内部参观",入场券被严格控制,只限于外贸界与服装界的官员与技术人员参与"内部观摩"。可见这表演有多难得一见,这在中国是一个新的起点,它带给中国人时

图1-21

图1-22

图1-23

装的概念,也让人们了解了什么是时装表演。这项零的突破在当时的社会背景下显得非同小可。尽管8名法国模特和4名日本模特的台风相当自然、随意,在当时这是"极不庄重"的,令人眼花缭乱的服装和表演,对于当时的中国人来说,是一个极具震撼力的新生事物。

上海服装公司一些领导也看了这场演出,演出结束后,他们萌发了也组建一支时装模特队的想法。后来向纺织局的领导汇报后,得到了批准。但是对于"模特"这个词,上级领导还是有意见,觉得模特是外国的称呼,有点低级趣味,所以就改名为"时装表演演员"。上海服装公司组建时装表演队时,不是像后来那样从全国各行各业广招相关人才,而只是在小范围内不动声色地从下属的三万多名职工中,挑选出十几名形体标致的青年男女。领队徐文渊和几个领导商量决定,只要身材高挑的、模样尽可能漂亮些的,就算符合标准。所以在没有具体标准的情况下,第一个时装表演队的队员都是靠领导目测挑选出来的。1980年,上海服装公司率先成立了新中国第一支时装表演队,并由此诞生了第一批专业时装模特。当时这支时装表演队一共有12名女模特和7名男模特,女模特身高在165~170厘米,因为他们是中国的第一支时装表演队,所以注定了他们的特殊,但他们原本又都是普通的工人。尽管他们的身高在现在看来很普通,距现在做模特的要求还差一大截,身材也不算标准,可他们却赢得了前所未有的荣誉,当然他们也付出了自己的努力。在队长徐文渊的努力下,上海戏剧学院组织了形体、化妆、灯光、舞美及音乐等一整套教师班子来支持表演队的训练和演出,队员们每天练习台步,为了苗条还要控制饮食。他们在公司内部的一次次演出中,赢得了越来越多的掌声,在当时的中国,"时装秀"只有"内部演出"的份,并实行"三不"政策——不报道、不拍照、不录像。而上海服装公司成立时装表演队的初衷,也只是想以此增加内销或出口的订货量。这一职业的创始者们当时的月收入为45元,参加一场演出的补贴也只有1.5元。

1981年2月9日,经过一段时间的训练,新中国第一场时装表演在上海友谊会堂(如今的上海展览中心)拉开了序幕,由中国人自己组织、训练并提供服装的中国时装表演正式登台亮相。此次演出非常成功,这场开天辟地的时装演出也带来了很好的商业效果,看了演出的外商们纷纷争相订货。

1983年4月,中国改革开放的车轮已经驶过了五个年头。随着国家改革政策"对内搞活、对外开放"的深入贯彻实施,中国各个领域的改革浪潮在一浪高过一浪地向前推进,人们的思想也已经有了很大的转变。时装表演队获得了进京演出的机会。他们轮流换穿185套时装的演出,十分成功。时装表演队一举轰动北京,一夜之间,他们的名字占领了各大报刊的显著位置,海外媒体更是将这场演出看作是中国改革开放的一个象征。《人民日报》《北京日报》、中央人民广播电台都对此予以充分肯定,称表演"华而不艳,美而不俗,恰到好处,很值得学习"。《澳大利亚日报》《挪威报》、美联社、加拿大广播公司、挪威国家

图 1-24

图 1-25　　　　　图 1-26

图 1-27

广播电视台等海外媒体，也给予了相当多的关注。中央电视台首先突破媒体宣传的禁区，播放了这次展销会上的服装表演。（图 1-21~图 1-23）

1983 年 5 月 13 日，上海时装表演队荣幸地被邀请到中南海小礼堂做了两场演出，当时的国家领导人杨尚昆、万里、邓颖超、薄一波等 13 人观看了演出，并对这一新生事物给予了充分的肯定和热情的鼓励。这次演出使得第一代的时装表演队具有了划时代的意义。《人民日报》上刊登了《新颖的时装　精彩的表演》（图 1-24）一文介绍他们的演出。后来，根据第一支时装表演队的故事还拍摄了一部电影《黑蜻蜓》（图 1-25、图 1-26）。中国第一支时装表演队得到了前所未有的荣誉。此后，时装表演、模特大赛、模特学校如雨后春笋般在中国大地上蓬勃发展。

1984 年后，时装队开始面向社会招人。很快，那些年纪更轻、身材更好、学历更高的模特们加入了时装队中，取代了第一代模特们的位置。

1986 年，中国模特石凯（图 1-27）以个人身份参加第六届国际模特大赛并获特别奖，这是中国人第一次出现在国际模特大赛中。石凯曾应皮尔·卡丹的邀请于 1985 年赴巴黎工作，在法国的时装刊物和各种展示活动中，经常能看到她的倩影，她成为法国时装舞台上第一位东方名模。

1987 年 9 月，中国时装表演队第一次走出国门，参加了在法国巴黎举行的第二届国际时装节，轰动世界时装界。

1988 年 8 月 26 日，北京广告公司时装模特队年仅 19 岁的彭莉（图 1-28）在意大利举行的"1988 年今日新模特国际大奖赛"中夺魁并荣获国际奖，在这次由 26 个国家，共 51 名选手参加的国际

图 1-28

性比赛上,彭莉成为中国的第一位国际名模。

1989 年第一届中国模特大赛在广州举行(即新丝路中国模特大赛),叶继红获得此次大赛的冠军,亚军和季军分别是柏青、姚佩芳。(图1-29)

1991 年第二届中国模特大赛在北京举行,陈娟红获得冠军,亚军和季军分别是瞿颖、刘莉。(图1-30、图1-31)

随着时装表演在中国的快速发展,模特事业已进入了一个新纪元。1992 年 12 月 8 日,我国第一家模特代理机构——新丝路模特经纪公司在北京成立。该公司旨在遵循国际惯例,打破团队的界线,为模特与客户牵线搭桥,为模特艺术和商业提供双向选择的机会。新丝路模特经纪公司的诞生,标志着中国时装表演业与国际的接轨,也标志着我国的模特业从合法化走向国际化。

模特作为一门新兴的艺术和产业,需要大量的培训工作。1990 年 3 月,在西安成立了卡丹模特艺术学校,这是我国第一所以培养模特表演人才为主的专科学校。1992 年 4 月,在大连成立了大连市时装模特学校,这是我国第一所职业中专性质的模特专业学校。此后,开始出现更高层次和学历的时装模特培训教育,如苏州丝绸工学院、北京服装学院、中国纺织大学、郑州纺织工学院、武汉纺织工学院、西北纺织工学院、上海纺织高等专科学校等大专院校相继开办了服装表演系或专业。学历制教育,为中国培养了大批高素质的专业时装模特。

图 1-29

图 1-30

图 1-31

20 世纪 80 年代,由于改革开放的深入,中国的表演事业得到了飞速的发展,无论是表演水平还是编导水平都有了很大程度的提高。20 世纪 90 年代,中国的服装表演经过十几年的摸索,开始走向国际化模式的发展道路。到 1996 年,模特职业还被排除在社会所认可的三百六十行之外,处在无法可依的状态,使得这个行业的从业人员处于名不正言不顺的尴尬境地。后经多方努力,国家劳动部终于颁发了《服装模特职业技能标准(试行)》方案,这是我国模特行业建设向着正规化、职业化迈出的关键一步,也为中国模特走向世界奠定了更坚实的社会基础。

模特素质的提高,也为中国模特走向国际化奠定了基础。中国模特与外国模特同台演出、中国模特参加国际性的表演大赛已经成为现实。随着中国加入世界贸易组织,以及纺织服装业的腾飞,必然使模特行业有更大的发展。

2000 年以后,中国的服装表演与国际合作更加密切,同时,不断提高和改进自身条件,并借鉴国外先进的制作水平,包括编导、舞台、灯光、音响等,中国的服装表演已经有能力冲进世界服装表演行业。

现在,在国际 T 台上,我们可以看到越来越多中国模特的身影,而中国模特业的格局更是在变化中前进。从最初的一枝独秀到今天的百花争艳,模特经纪公司已经广泛分布于中国的主要省市自治区,除了北京、上

图 1-32

图 1-34

图 1-33

海、广州等时尚发展迅速的城市成了竞争的焦点外，其他如福建、新疆、山东、湖南、湖北、江苏等主要省份也为模特经纪公司的成长创造了有利商机。

## 三 服装表演的种类

### (一)高级时装发布会

时装发布会，是指通过时装表演的舞台艺术来展示服装内在生命力的活动形式。高级时装也叫高级定制装，源于欧洲古代及近代宫廷贵妇的礼服。高级时装业是一个独立的世界，有着自己的一套规则和不同的表达方法。全世界有多个著名的时装周，比如法国的巴黎（图 1-32、图 1-33）、意大利的米兰（图 1-34~图

1-36）、英国的伦敦、美国的纽约、日本的东京等。在我国，目前最具影响力的是在北京举办的中国国际时装周，每年春夏、秋冬两季在北京举办。时装周现已成为国内顶级的时装、成衣、饰品、箱包、化妆造型等新产品、新设计、新技术的专业发布平台，成为中外知名品牌和设计师推广形象、展示创意、传播流行的国际化服务平台。（图1-37、图1-38）

图 1-35

图 1-36

图 1-37

图 1-38

### （二）流行趋势发布会

服装流行趋势发布，是指每个流行期由服装研究部门和社会、工厂服装设计师设计的近期作品，以时装表演的形式公布于众。这类表演含超前思维及预测性。通过发布会可以为新流行的到来制造舆论，制造商也可从中选择认为能引起流行的元素、款式、面料、色彩、图案、配饰等，还可以从中得到某些启发进行再设计，然后制成产品，作为新流行款式投放市场，形成新的流行趋势。（图1-39~图1-43）

### （三）商品展示促销

同一件服装挂在衣服架上看到的效果，与穿在时装模特身上的效果并不相同。衣服架上挂着的服装所显示的是平面的、扁平的，人台上的服装效果是静止不动的，它们不能完全显示出服装的美妙之处。而穿在时装模特身上的服装是立体的、丰满的和活动的，通过模特的多方位、多角度展示，观众的视线从模特转向服装，服装美得以充分体

Alexandre Birman

Antik Batik

图 1-39

**013**

图 1-40

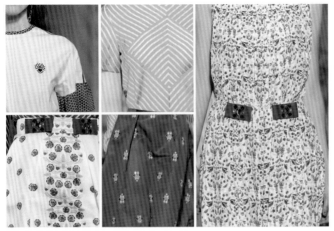

图 1-41

图 1-42

图 1-43

现。所以，一些部门利用时装表演进行商品展示。商品展示有两种情况：一是成衣工厂向社会进行新产品发布，宣传自己的产品，以达到促销的目的；二是商场向顾客展示自己经销的服装和产品，不定期地进行时装表演，利用时装表演的效果，吸引更多的顾客购买商品。

图1-45 第24届"中国真维斯杯"休闲装设计大赛

图1-46 "锦霓杯"2015人造皮草时装设计大赛

图1-44 "乔丹杯"第10届中国运动装备设计大赛

### (四)服装设计大赛

一个国家或一个地区为了促进服装行业的发展，发现人才，开发新款或评出国家、地区、行业的名优产品，往往会定期或不定期进行服装设计大赛。这种比赛一般是由现场考试和服装表演两部分组成，服装设计大赛对于服装从业人员特别是服装设计师来说是一场盛大的聚会，通过比赛，设计师们充分发挥自己的创造力、想象力，迸发出创作灵感，提升自己的设计水平，同时还能通过自己的作品获得业内的认可。(图1-44~图1-48)

### (五)模特大赛

模特大赛的目的是选拔优秀模特人才以及表演新秀，开发模特资源，并通过选拔大赛的形式，向国内外时尚机构、模特经纪公司、影视公司、时尚传媒、广告公司等推荐模特和演艺新人，同时，为模特与影视表演新人搭建拓展平台。(图1-49~图1-51)模特大赛可分世界、国家、地区等不同级别的赛事，根据比赛层次不同，比赛的内容也有所差别。大

图 1-47 第 24 届"中国真维斯杯"休闲装设计大赛

图 1-48 "迪尚"第10 届中国时装设计大赛

图 1-49 第 54 届国际小姐大赛

图 1-50 2015 国际旅游小姐大赛

图 1-51 中国超模大赛

致包括形体观察、才艺表演、服装表演(泳装、便装、运动装、礼服、旗袍等)、平面摄影表演技巧、服饰文化知识、口试等几项内容。

### (六)学术交流

各个国家和地区之间,通过时装表演达到服装文化的交流,相互促进,有利于自身设计水平的提高。比如,某地举办服装节,各国、各地的时装表演队带着本地区流行的服装或某一设计大师的作品前往表演,以达到交流的目的。这些时装节,极大地繁荣了我国的服饰文化,既促进了服装工业的发展和商品的流通,也促进了时装表演业的蓬勃发展。

### (七)专场表演

专场表演有设计师专场和毕业生专场。设计师专场是指一名或多名设计师的作品进行专场演出,主要在于展示设计师的才华,达到推名师、树品牌的目的。由于专场演出的主题是由设计师自行确定,其作品具有一定的创意性、前卫性,表演气氛独特,花样翻新,利用变幻莫测的声、光效果,营造出人意料的气氛,使观众印象深刻。(图1-52~图1-56)

图1-52 纺大惟尚·孙菊香时装发布会

图1-53 陈娟红童装发布会

图1-54 潘怡良作品发布会

图1-55 金羽杰时装发布会

图1-56 亨利赫伯特·刘勇私定作品发布会

毕业生专场是指服装设计专业、服装表演专业的大中专院校学生，毕业前都要向社会举行毕业作品展示或汇报演出。其特点是参与的主体为学生，他们的作品构思大胆、超前、不受拘束。演出的目的是向社会展示才华，推荐自己。（图1-57~图1-59）

图1-57　中法艾蒙时尚学院2015届毕业生作品发布会

图1-58　伦敦中央圣马丁学院毕业发布会

图1-59　武汉纺织大学服装学院毕业生设计作品专场发布会

### (八)娱乐性服装表演

时装表演是一种艺术,而这种艺术已被广大人民群众所接受,并且备受喜爱,自1980年新中国的第一支时装表演队(上海服装公司时装表演队)成立以来,全国各地陆续出现了很多专业或业余的时装表演队(时装表演艺术团)。这些队伍利用时装表演这一形式丰富了人们的文化生活。各级电视台经常利用一定时间播放时装表演方面的节目,有的大型文艺晚会,也要安排一段时装表演与其他节目穿插在一起。一些单位、学校在举办文艺活动时,也常把时装表演作为一项节目内容,大酒店、夜总会等高级娱乐场所也可见到时装模特的身影。

**思考与练习**

1. 谈谈我国服装表演的发展及前景。

2. 服装表演的种类有哪些?你参加过哪些?

# 第二章　时装模特

　　"模特"是由英语的"Model"音译而来,被解释为"模型""模式""模特"。主要是指担任展示艺术、时尚产品、广告等媒体的人,"模特"一词也代表了从事这类工作的人员的职业。时装模特,是指专门从事时装、服装展示的一类模特群体。模特在体型、相貌、气质、文化基础、职业感觉、展示能力等方面具有一定条件,并在服装设计、制作与面料、配件以及音乐、舞台灯光等方面有较强的领悟能力。时装模特不仅是一种职业,也是一种概念。模特是服装的美丽衣架,是时尚的代名词。

# 一　模特的分类

## (一)T台模特

　　在各类模特中,T台模特对身体条件的要求最严格,因为模特是赋予服装灵魂的活动衣架,为达到服装设计最理想的穿着效果,世界各国的设计师基本上都按标准尺寸制作样衣。要想成为优秀的T台模特,除了自身身高等一些条件必须达到要求外,还必须经过长期的严格训练,包括体形、造型、体态、走姿、站姿、台步、腿型、表现力等方面的训练。

　　T台模特也称走台模特(图2-1~图2-3),主要工作是为服装做发布、参加模特比赛与展示,也会在一些商业活动中出现,达到吸引眼球的目的。一个优秀的模特具有与众不同的气质,包括姿势、表情、神态、言谈举止等方面。随着时代的发展变化,人们的审美也在发生转变,从单一的审美到现在多元化的审美,模特也向着个性化的模特形象转变。T台模特对于服装的感觉非常重要,所谓服装感觉是对服装的一种直觉判断,即熟悉服装流行趋势,以及展示服装的能力。时装表演要求模特理解设计师的设计意图以及编导安排的音乐、走台方式的目的。

## (二)平面模特

　　平面模特是一种时常出现在杂志封面、报刊彩页、商品海报、产品画册、挂历、户内外灯箱上的模特(图2-4~

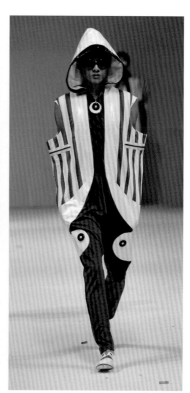

图2-1　　　　　　　　　　　　图2-2　　　　　　　　　　　　图2-3

图 2-4

图 2-5

图 2-7）。成功的平面广告作品常常使观众过目不忘，达到宣传的目的。随着社会的进步，时装市场也越来越成熟，各媒体加快了对时装模特的宣传速度，企业也不断增强品牌意识，从而对平面模特的需求量也开始变大。拍摄时装照片时，由于对模特表现服装的姿态比较看重，有时会请一些著

图 2-6

名的走台模特前来拍摄，但在模特界还有一些身材、五官都很标准，只是身高略逊一筹的模特，对他们而言，最佳的发展方向是做一名优秀的平面模特。平面模特的工作

图 2-7

场所是摄影棚,他的"观众"是镜头,这一职业的特点要求模特应该掌握一些面对镜头的诀窍,方可顺利工作。

平面模特的自我形象包括两个方面:一方面是模特的自身形象,主要指模特的相貌、身材、表演风格、特点、技能;另一方面是模特的道德形象,对待工作、对待周围人的态度,对自我价值的评价,以及在公众面前和生活细节上的修养水平。因为模特的价值表现在能为客户艺术性地创造产品的广告形象,所以客户在挑选这一形象时,必定最先考虑模特外在形象的特点及生命力,这就意味着做一名职业模特要时刻保持一种良好的形象。这个形象不仅仅是在台上,也不仅仅是指艺术标准,而是贯穿在训练中、生活里和对工作的态度上。如今互联网购物的发展,也推动了平面模特这一行业的发展。

### (三)内衣模特

内衣模特是随着服装潮流发展衍生出来的一个职业。由于内衣模特需要大面积地暴露身体,因此对模特的身材、三围、皮肤要求比时装模特更苛刻,可以说内衣模特是身材最完美的模特,但内衣模特是不能做一般时装模特的。因为,时装模特注重的是骨感,而内衣模特强调的是三围丰满与体形的完美,胸臀要圆润,骨结不能太突出,相比时装模特而言,内衣模特的身材略显夸张。内衣模特还要有一张美丽的脸庞和光滑细嫩的肌肤,因为内衣模特绝大部分肌肤都将被展露出来,而且与观众的距离很近。另外,内衣模特除了舞台展示,还要做电视的、平面的商业广告等,这也要求她们要好好照顾自己的皮肤,不能有明显的疤痕。目前,内衣的时装化倾向(穿着方式的外向化、时装化和设计手法的时装化)使得内衣世界摆脱了最初作为一般用品的单调与乏味,变得风格多样、繁花似锦、异彩纷呈了。这也造就了内衣模特的需求量日渐增加,随着服装产业的发展,职业内衣模特大赛已经成为国际国内内衣潮流展示的重要组成部分,许许多多的模特通过参加内衣模特大赛走上了国际舞台。(图 2-8~图 2-10)

图 2-8

图 2-9

图 2-10

### (四)试衣模特

所谓试衣模特,顾名思义他的职责就是试穿衣服,并且向服装设计师和服装公司打板房的工艺师提出对服装的反馈意见,他们是设计师的活样板。此类模特是以服装号码为基础分类的。所以,要成为一名试衣模特并不要求你像传统模特那样拥有 175 厘米以上的魔鬼身材,相反,能反映大众身材的模特更为吃香。不同风格的服装对试衣模特的身高要求也不一样,许多服装企业招聘试衣模特,身高都要求在 158~168 厘米。

虽然试衣模特对身高没有太多的要求,但是试衣模特的身材必须合乎一定的标准,对模特的胸围、腰围、臀围、颈围、上下身比例、乳房位置等要求都很严格。和一般的模特相比,试衣模特不需长得十分"光鲜",对相貌没有太多的要求,因此,即使是长相一般的人也有机会跨入这个特殊模特的行列。除了合乎标准的身材以外,最受设计师喜欢的是那些对服装鉴赏能力较高、能准确表述所试服装存在问题的模特。优秀的试衣模特还能凭借经验提出流行的可能性,他们是服装设计师的好参谋。试衣模特在国外很流行,是名牌服装公司的必备模特,但在国内服装公司应用有限,尚待发展。

图 2-11

### (五)商用促销模特

商用促销模特出现在各类商业促销活动中,他们在表演的同时,还要介绍和宣传产品,最常见的是车展、房展,以及各类新产品发布会、珠宝首饰展示会等。(图 2-11~图 2-15)

图 2-12

图 2-13

图 2-14

图 2-15

图 2-16

图 2-17

图 2-18

随着模特职业的定位和细分，一些特殊的工作需要一些特殊的模特，有些产品需要人体局部作为载体进行产品展示，其中包括手模特、腿模特、足模特、唇模特、耳模特、腰臀模特等，这类模特不要求体态和形象，但要求身体局部的完美。（图 2-16~图 2-19）

图 2-19

　　以上是按模特用途来细分的种类,如果按年龄划分,则分为儿童模特、青年模特、中老年模特、老年模特。青年模特又包括女模特和男模特,女模特一般可以工作到 26 岁或 27 岁,根据个体差异,有的可以工作到 28 岁以上甚至超过 30 岁,男模特一般可以工作到 35 岁左右。我们前面提到的模特都是青年模特。近年来,由于市场对儿童模特的需求增多,很多城市出现了儿童模特培训机构,一些全国范围内的儿童模特选拔比赛也开始盛行。儿童模特又分为小童模特(图 2-20)、中童模特(图 2-21)、大童模特,最大年龄不超过 13 岁。

图 2-20　　　　　　　　　　　　　　　　图 2-21

　　同样在各大城市,也活跃着一群中老年模特,他们用美丽的形体、自信的气质,展示着"超龄"模特的第二次青春。"夕阳红"别样美全国中老年模特大赛也在各个城市相继举行,T 形台已不再是妙龄女子的独有舞台,中老年模特们的风采逐渐成为一道别样美丽的风景。一般中年模特年龄在 45 岁以上、65 岁以下,老年模特的年龄在 65 岁以上。

## 二　模特的形体条件

　　形体是指人体的外形结构,是人体美的一种艺术表现形式。一名合格模特的首要标准是必须拥有完美的形体条件。所谓形体,包括身高、体重、头型、脸型、颈部、三围、四肢和手脚的形态。所谓形体美,通俗地说,就是人的整体指数和人体各部分的科学、合理、适当的比例关系,尤其是人体解剖结构形成的优美外观特征。人的体形可以通过改善营养结构、形体训练以及各种力量和耐力项目的锻炼而加以改变。

## (一)身高和体重

身高和体重是模特所具备的基本条件,是反映形体美的重要指标。模特的身材越高,体形越挺拔,比例越和谐,越容易吸引观众的注意力,在服装表演中更能充分展示服装的结构、款式、面料及色彩的搭配效果。由于东西方地理位置的差异,西方人普遍比东方人高大丰满,四脚较长,重心较高。因此,东西方模特在身高上自然也存在着差异。时装模特的身高一般是中国模特女性在175~182厘米,男性在185~192厘米;西方模特女性在176~183厘米,男性在186~193厘米。女性体重最好控制在50~55千克,最多不能超过60千克,男性的体重控制在70~80千克。模特体重过轻或过重都会影响形体的美感和表现力。商用模特或平面模特的女性身高一般在170厘米左右,有的低于170厘米,男性身高可以低于时装模特,在180厘米以上为宜。

## (二)比例

### 1. 上下身比例

0.618:1曾被古希腊的哲学家和数学家毕达哥拉斯誉为最美的、最灵巧的比例,也是我国著名数学家华罗庚使用优选法时常用的数据。由于它对人体审美具有极大的价值,故这种黄金分割律也被运用到人体形态指标的测量中,并且最主要的是体现人体上下肢比例和三围比例等关系上。人体上身与下身比例分割点有四种分割方法:一种方法以身体的总重心为分割点,这种方法比较客观;一种方法以肚脐处为分割点,这种方法比较实在;还有一种以髋骨上缘为上下身的分割点,它符合解剖学观点,而且符合人的视觉习惯;最后一种是目前服装表演行业的专家学者普遍认为较为科学、直观而且简单的分割方法,是上身从第七颈椎到臀纹线,下身从臀纹线到脚底,模特的上下身比例应是下身数据与上身数据之差大于8厘米。模特腿越长越好,有些优秀的模特上下身差可达21厘米。

### 2. 头身比例

头身比例就是头部与身长的比例关系。文艺复兴时期的艺术巨匠达·芬奇,运用自然科学知识和解剖实验的统计数据,提出了研究身体美的客观标准,即人的头长是身高的1/8;肩宽为身高的1/4;侧伸双臂等于身长;两腋之宽等于臀宽;胸部与肩胛骨下缘在同一个水平面上;大腿正面的厚度等于脸宽;人在跪姿时高度减少1/4,卧倒时仅剩下1/9。目前,国际时装舞台上以娇小的头型为时髦,因为娇小的头型会使形体显得更加修长而优美。女性头围一般不超过56厘米,男性头围一般不超过57厘米。窄脸且前后径稍大的头型较宽脸且前后径稍小的头型更上镜。

### 3. 三围比例

三围指的是胸围、腰围、臀围。胸部是人体体形美中最受人们重视的一个部位,女性的胸部丰满且富有弹性意味着青春和健康;男性的胸脯宽厚结实,象征着力量和襟怀的宽阔。腰部是人体连接上下两部分的枢纽,也是人体做前后屈、体侧屈等各方向运动的一架万能轴承,而且腰部居于人体之中,因此,腰部的健美正如它本身在人体的功能作用一样,重要且不可或缺。臀部是人体曲线美不可忽视的部分,臀部肌肉应健美、圆润、内收,臀要窄,同时肌肉不能下坠,应向上微翘。依据黄金分割律,西方时装模特理想的女性三围是胸围90厘米、腰围60厘米、臀围90厘米,针对我国女模特普通胸围较小的特点,三围比例标准一般为胸围80~90厘米、腰围60~63厘米、臀围86~90厘米,而男性胸围100~106厘米、腰围75~80厘米。三围曲线是构成女性美的重要因素,作为时装模特就更是如此,三围曲线能使服装造型产生一种很强的起伏感和律动感。为达到服装设计最理想的穿着效果,世界各国设计师基本都按标准尺寸制作样衣,这样模特的身高、三围比例就要有一个相对统一的标准,职业模特一般都必须符合这个标准。

## (三)肩与颈

肩线是人体体型的主要线条之一,肩要平、要宽,这样显得强健有精神,而溜肩力度差。肩对于模特来说十分关键,它决定着服装造型的悬垂效果,对整体造型效果的影响很大。女性模特的肩宽应大于40厘米,在40~44厘米。男性模特的肩宽应在 50~55 厘米。模特颈部要细长、平滑、细腻、线条优美,颈部是体现形体美的重要部位。

### (四)四肢

模特的四肢要修长而纤细。腿、臂的长度是影响形体的主要参数之一,足够的长度给人以开阔舒展之感。四肢各部分的围度要适当,一般而言,四肢的关节部位围度要小一些,而肌肉部位围度要大一些。女子四肢围度的变化相对于男子而言要平滑、柔和。模特两侧肢体应对称、笔直。

腿型对于服装模特而言非常重要,腿的线条要流畅,粗细均匀,特别是小腿不能太粗,踝关节不能太大,小腿的长度应大于或等于大腿的长度。下肢挺直而富有力度,罗圈腿(O 形腿)、X 形腿都会影响形体的美感。

模特的手与脚的形态也是不可忽视的,同样能陪衬服装。手型要优雅,手指纤细、修长,圆润而柔嫩。脚的大小要适当,扁平足、内八字或外八字都是不可取的。

## 三 模特的相貌与脸型

模特的相貌虽然不像身材那么突出,但也是十分重要的形象因素,好的相貌能衬托出服装的美丽,提高服装被大众所接受的可能性。对于模特而言,瓜子脸(图 2-22~图 2-25)是最理想的脸型,长圆脸或

图 2-22　　　　　　　　　　图 2-23

图 2-24

图 2–25

**031**

长方脸也是比较理想的脸型。五官端正是做模特最起码的要求，眼睛明亮，鼻梁挺直，唇形丰润，上下唇薄厚均匀，五官要大气，相貌标准不能单纯以漂亮与否而论，应以具有立体感、骨感和独具的个性特征为宜。（图2-26~图2-28）所以模特不用十分漂亮，只要有个性，照样可以脱颖而出，而且有的时装模特虽然相貌平平，可化妆后非常上镜，效果很好，同样能成为优秀模特。现代服装表演越来越重视模特形象的独特性，没有区别就没有风格，因此，模特相貌既要符合大众的审美标准，又要有自己的个性特点。

图 2-26

## 四　模特的综合素养

服装表演种类有多种,其目的也各不相同,但其主要目的就是通过服装模特展示,向观众传达服装设计师的设计理念、服装的内涵。可以说服装模特是设计师与消费者之间的桥梁,服装模特表演的效果如何,往往会影响观者对服装的认同程度。因此,我们说服装模特是服装表演的主角,一场服装表演能否成功,很大程度上取决于服装模特。

模特的外在形貌条件和内在素质都很重要。一名体形优美、气质高雅、知识面宽的优秀模特,穿上服装设计师设计的合体服装,通过走台、转身、亮相与造型等肢体语言,详细地演绎服装,会给人一种美的享受。一名服装模特在具备了模特的基本条件后,能否成为优秀的模特,关键的问题就是要看他的综合素质如何。这里所说的综合素质是指服装模特在音乐、服装设计、想象力、表现力、气质等方面的素质。综合素质除与先天的一些条件有关外,主要是通过后天的培养来完成的。模特具有了较高的综合素质,才能真正地将服装的内涵传达给观众,达到设计师或编导的预期目的。

图 2-27

### (一)音乐修养

音乐是现代服装表演不可缺少的一部分。服装表演音乐作用之一是在服装表演中形成一种无形的背景,为服装表演提供情绪和听觉环境;服装表演音乐作用之二是将服装与服装表演联系起来,通过表演音乐强化服装设计的主题;服装表演音乐作用之三是服装模特利用音乐的节奏,来充分地展示服装设计师的创作意图。可以说,音乐是服装表演的灵魂。作为一名服装模特要学习一定的乐理知识,只有理解了音乐,在表演时才能根据音乐节奏找到感觉,表演起来才能有韵律、有节奏,同时借助音乐去展现服装,这样就会达到良好的效果。

### (二)服装设计专业知识

服装是服装表演的主体,服装设计里面含有艺术特性,服装设计与其他艺术一样以追求美为目标。服装设计师的任务,就是创造美丽、时尚的服装,对人体进行包装,以达到美化人们生活的目的,而不是过去那种用于遮体、保暖的简单创作。模特通过学习服装设计知识可以提高对服装的理解能力。这里所说的理解力是指服装模特对设计师创作的服装作品进行理性思维的综合分析、思考

图 2-28

辨别的能力。服装模特理解能力的强弱,直接影响所展示的服装效果。服装模特只有在表演前正确理解掌握服装应展示和突出的部位,才能将设计师构思的服装美真实、准确地展现给观众。

## (三)气质

模特的气质是指服装模特在展示服装过程中所表现出的独具一格的表演个性,是由内在素质修养和外部动态特征统一起来的一种主体精神。服装模特的气质,是通过从自然气质到艺术气质的发展过程来实现的,是艺术修养和专业训练的结果。所以说,服装模特的气质在服装表演中占有重要的位置。一名好的服装模特若具有个人气质和优良的基本条件及熟练的表演技能,在表演中就会形成独特的表演风格。

## (四)想象力

模特的想象力是指服装模特对将要展示的服装进行艺术构想的想象思维能力。服装模特展示的每组服装风格、造型、款式、色彩、图案、面料都有不同之处,他们要深刻感受不同的服装所表达的艺术主题,通过形象思维,勾画出表演该服装时应选用的表演手法,包括表情、气质、台步、转身、造型及与其他服装模特的配合等。模特丰富的想象力,可以带来完美、生动的表演,从而充分展现出服装设计师的设计主题。服装模特的想象力是建立在服装设计知识基础之上的,如果没有丰富的服装知识和一定的艺术修养,服装模特的想象力是不能得以充分发挥的。

## (五)表现力

模特的表现力是指服装模特运用人体语言来展示服装特点及风采的能力。服装表演是一种高水平的非语言沟通形式,它同戏剧、影视不同,不是塑造某一个人物、表达某一事件,而是通过服装、音乐、舞台美术、人体语言来展示服装内涵。在表演过程中,最主要的因素是人体语言。所以说,服装模特要具有一定的表现力,能充分表现出设计师的情感、智慧和梦幻。不同款式的服装要用不同的表现方法,要根据服装设计师的设计理念来确定,例如晚礼服高贵典雅,服装模特应表现出端庄的气质;牛仔装自由随意,服装模特应表现出无拘无束的特点。

一场服装表演的效果如何,在很大程度上取决于模特的综合素质,服装模特只有具备较高的综合素质,才能很好地领会设计师的创作意图,在T台上通过良好的自身条件,恰如其分地把服装特色展现给大家,从而达到表演的预期目的。

**思考与练习**

1. 实际测量一下自己和周围同学的身体,包括身高、体重、三围、上下肢比例等。
2. 谈谈如何培养模特的表现力。

# 第三章　服装表演技巧

服装表演是直观的演出艺术，模特是通过直观的视觉形象去感染观众的，也就是把理解了的、想象了的服装内涵通过自己丰富的表演技巧表现出来，展现给观众，给观众留下更深刻的印象。服装表演也是最接近于生活的舞台艺术。表演中的动作要取之于生活、忠实于生活，并且要高于生活。

# 一　站姿

基本站立姿态是模特走台的基本功，是其他人体造型动作的基础和起点，优美、典雅的基本站立姿态是培养优秀模特的起点和基础。站立姿态的基本原则是：挺、直、高。抬头、挺胸，腹部收紧，肩膀自然放平、放松，不耸肩，不驼背，膝关节伸直，脊柱应尽量保持与地面垂直，把身体重心尽量提高。

站立时身体要舒展，头放正、颈要直，两眼平视，两肩展开下沉，两臂垂于体侧，五指自然伸直、虎口向前、拇指与中指稍内收，收腹、挺胸、立腰、裹臀、两腿伸直内侧夹紧、双脚并拢、表情自然。身体重心穿过脊柱，落在两腿正中，从侧面看，重心应落在骨盆正中；从整体看，形成一种优美挺拔、精神饱满的状态。（图3-1）

图3-1

# 二　造型

正确造型是姿态优美的保证，模特主要通过脚位、手位和体位的变化来完成造型练习。模特的造型要与服装的主题相吻合，并且要懂得服装的结构和发展趋势。造型是为了便于观众看清服装的结构，并作为一种动态的调节。做造型时身体往往会形成鲜明的曲线和巨大的内张力，从而使人体挺拔向上。在做造型时，应注意把握人体的均衡性，并且要有韵律感。

## （一）常见脚位的变化（以右腿作为支撑腿，左腿作为自由腿为例）

### 1. 十二点位

十二点位是模特最基本的造型方式。模特的身体挺拔向上，腰部直立，自由腿在钟表盘十二点方向，前脚尖内侧点地，膝盖向内微弯，顶髋，重心放在后支撑腿的脚掌，脚尖指向钟表盘两点钟方向，身体舒展，将身体曲线摆出。（图3-2）

### 2. 十一点位

模特的身体挺拔向上，腰部直立，自由腿在钟表盘十一点方向，前脚尖内侧点地，膝盖向内微弯，顶髋，重心放在后支撑腿的脚掌，脚尖指向钟表盘两点钟方向，身体舒展，将身体曲线摆出。（图3-3）

图3-2　十二点位

图3-3　十一点位

### 3. 十点位

模特的身体挺拔向上,腰部直立,自由腿在钟表盘十点钟方向,前脚尖内侧点地,膝盖向内微弯,顶髋,重心放在后支撑腿的脚掌,脚尖指向钟表盘两点钟方向,身体舒展,将身体曲线摆出。(图 3-4)

### 4. 九点位

模特的身体挺拔向上,腰部直立,自由腿在钟表盘九点钟方向,膝盖伸直,顶髋,重心脚脚尖指向钟表盘两点钟方向,身体舒展,将身体曲线摆出。九点位较适合裤装、休闲装和前卫装的展示。(图 3-5)

## (二)钟表盘十二个点位的变化示例(以右腿作为支撑腿,左腿作为自由腿为例)

(图 3-6~图 3-17)

图 3-4　十点位　　　　　图 3-5　九点位

图 3-6　一点位　　　　图 3-7　两点位　　　　图 3-8　三点位

图 3-9　四点位

图 3-10　五点位

图 3-11　六点位

图 3-12　七点位

图 3-13　八点位

图 3-14　九点位

图3-15 十点位　　　　　　　　图3-16 十一点位　　　　　　　　图3-17 十二点位

## 三　台步

　　台步是在站姿的基础上迈步行走的。迈步时,出胯带动大腿,然后提膝(膝盖稍弯曲),膝部内侧要贴近,最后小腿带动脚,台步保持直线,不能画小半圆落地,落地时前脚尖稍向外撇。模特的台步动作必须连贯,要有层次,脚踝要有力度,体重由双脚分担,前脚迈出后,后脚要有节奏地跟上,保持连贯,脚接触地面时要稳,要有力度。有时候走台步时两腿会交叉走,也是现在很流行的走法,那样腿看起来会比较漂亮。交叉走也分大交叉、小交叉,交叉程度的大小根据服装风格和模特自身决定。台步要做到挺而不僵、柔而不懈,要使身体各部位动作协调起来,要有控制力、爆发力和柔韧性。

　　摆臂时以肩关节为轴,臂自然伸直或小臂稍微弯曲,前后摆动,切勿两边摇摆或向身体前内侧摆臂。还要注意,走动时用中腰带动上下身体,其动态的协调性是表演的关键,动作要灵活,也可以夸张一点。另外,摆臂要根据服装的特点,时而有力,时而轻柔,有时幅度大,有时幅度小。可以说,胳膊是个充满表现力的"配角"。在表演行进中,它辅助服装主题的表现,在亮相时,配合适当的手形,是完美造型的重要组成部分。

## 四　停步

　　直接停步:在走台中距离所要到的位置还剩3~4步时,减慢速度,停步时支撑腿用2拍完成停步动作,重心在支撑腿上,自由腿完成原地造型的位置。

1/4 转身停：当模特由 T 台两侧走出，到台底中间位置需要停顿时或模特走到前台需要在台前两侧停顿时，需要运用 1/4 转身停。以台的左出口为例，模特出场需要停步造型亮相，以右腿为支撑腿用 2 拍完成转身 90°动作的同时，身体同时向逆时针方向转 90°，身体重心在支撑腿上，自由腿 2 拍完成原地造型的任意位置上。

1/2 转身停：当模特走到合适的位置需要直接背面停顿亮相时，需要运用 1/2 转身停。以右腿为支撑腿用 2 拍完成转身 180°动作的同时，身体同时向左转 180°，身体重心在支撑腿上(右腿)，自由腿 2 拍完成原地造型的任意位置上。

# 五 转身

转身是服装表演的基本动作要素，与步伐配合的肩部、头部的动作，应按相辅相成的规律进行，其基本方法如下。

## (一)上步转身 180°

上步转身 180°，也叫上步半转身或 1/2 转身，是服装表演最基本的转身技巧之一。在基本造型的基础上，自由腿向前自然迈步，脚尖内扣，脚前掌过渡到全掌着地，身体随之转体 180°，肩部、头部稍后再转。

十二点位上步转身 180°。(图 3-18~图 3-21)

九点位上步转身 180°。(图 3-22~图 3-25)

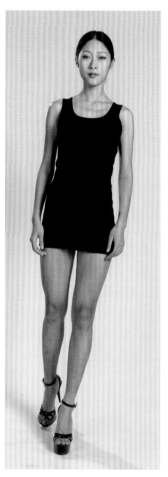

图 3-18　　　　　　　图 3-19　　　　　　　图 3-20　　　　　　　图 3-21

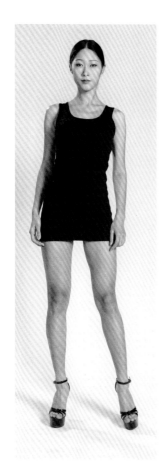

图 3-22　　　　　　图 3-23　　　　　　图 3-24　　　　　　图 3-25

## (二)上步转身 90°

上步转身 90°,也叫 1/4 转身,是服装表演最基本的转身技巧之一。在基本造型的基础上,自由腿向前自然迈步,脚尖内扣,脚前掌过渡到全掌着地,身体随之转体 90°,肩部略侧。(图3-26、图 3-27)

图 3-26　　　　　　图 3-27

### (三)上步转身270°

上步转身270°,也叫3/4转身,在基本造型的基础上或行走中,自由腿向侧前方自然迈步,身体随之旋转270°,转身后与上步90°造型相反。(图3-28)

### (四)直接半转身

原地造型后,通过旋转脚部来完成,两脚同时向自由腿的方向转身。(图3-29~图3-32)

### (五)全转身

由两次上步半转身加直接半转身组合而成,或两次上步半转身加换重心半转身组合而成。

### (六)退步(撤步)转身

在基本造型的基础上,自由腿先向后撤步,再转身180°,比如左脚向后撤一步,脚尖内扣,右脚向后撤步的同时向右转180°向后连贯走。也可以连续退两步,

图3-28

图3-29

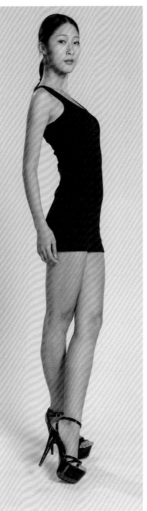

图3-30

图3-31

图3-32

即先撤左脚再撤右脚，在撤左脚的同时向左转身180°。

### (七)欢快转身

以重心腿为轴，动力腿脚前掌施力于地面，点地转身，依据表演情况，可进行360°、720°或连转几周的转体。

## 六　手臂的造型

### (一)叉腰造型

手叉腰是服装表演中模特常用的造型动作，多用于展示服装腰部及肩袖部位的细节，可单手也可双手，常用的手叉腰方法有以下三种：正手叉腰(图3-33、图3-34)、反手叉腰(图3-35~图3-37)和握手叉腰(图3-38)。

图 3-33　　　　　　　　图 3-34

图 3-35　　　　　　图 3-36　　　　　　图 3-37　　　　　　图 3-38

**043**

### (二)叉腰造型的运用

表演中根据不同的服装款式和风格,有不同的叉腰表现,可含蓄、可夸张、可对称、可不规则。在表演时,可运用在动态单手叉腰或双手叉腰台步中,也可以运用在台前或台中的静态造型中。(图3-39~图3-48)

图3-39      图3-40      图3-41

图3-42      图3-43      图3-44      图3-45

图3-46      图3-47      图3-48

### (三)手臂夸张的造型

在造型时，根据服装风格和表演的风格，运用手臂的夸张造型会将服装更完美地体现出来，成为亮点。（图3-49~图3-60）

图3-49　　　　图3-50　　　　图3-51

## 七　服装的运用

图3-52　　　　图3-53　　　　图3-54

服装的展示运用就是用人的形体、形象去展示服装的结构与面料特点，并同时表现设计师的意图。合理恰当地运用服装，能培养模特对服装的理解，并且是模特个性与气质的体现。在服装表演中，模特如果能很好地运用服装的设计细节来表现服装，还可以为所展示的服装带来画龙点睛的作用。

图3-55　　　　　　　　　　　图3-56　　　　　　图3-57

图3-58　　　　图3-59　　　　图3-60

### (一)衣领的运用

衣领是服装的组成部分之一,一般在表演的过程中可以单手扶衣领或者双手扶衣领。单手扶衣领时大拇指在衣领下面,其余四指自然弯曲依次重叠扶领。在行走的过程中一般是单手扶衣领,走到前台做台前造型时可以双手扶衣领,动作要领同单手扶领。此外,还可双手翻衣领、双手系领带或领花等。(图3-61~图3-65)

图 3-61

图 3-62

图 3-63

图 3-64

图 3-65

## (二)衣襟的运用

衣襟和长款衣服的下摆都是模特在表演过程中可以利用的地方。在表演时,模特可以单手或者双手握住衣襟的中部造型(图 3-66~图 3-69),也可以将服装衣襟敞开(图 3-70),这样既可以显示模特的腰身,也可以使服装看起来更有层次感。

图 3-66       图 3-67       图 3-68       图 3-69

图 3-70

## (三)衣袖的运用

服装设计中有一类是针对衣袖为设计重点的服装,如蝙蝠袖、宽大衣、花衣袖或者带有古典风格的长袖服装。这类服装在表演时的重点是对袖子的展示,在表演时可以单臂侧打开或者双臂侧打开,还可以单手叉腰或双手叉腰展示衣袖(图 3-71~图 3-74)。行走时手臂可以体前弧线摆动,也可以双臂体前水平端直。走到前台时可以双手缓缓打开进行展示,在前台造型时还可以甩开或者两只手相握展示。针对服装的不同风格特征,应设计不同的手臂动作。

图 3-71

图 3-72

图 3-73

图 3-74

### (四)衣兜的运用

在服装设计中,衣兜也是设计的重点。衣兜具有实用性和装饰性,衣兜的变化可以改变服装的风格与实用作用。表现衣兜时可以大拇指插兜,其他四指在外,在外面的四指自然弯曲,如图3-75;还可以四指插兜,拇指在兜外,如图3-76、图3-77,但要注意,四指应紧贴衣服,以免把衣服撑变形;也可以五指浅插兜,如图3-78、图3-79。在行走时可以双手插兜,插兜是为了展示服装的功能,因此,不要用力过度,以免衣兜下坠使服装变形。

图 3-75

图 3-76

图 3-77

图 3-78

图 3-79

### (五)裙摆的运用

衣摆、裙摆在服装设计中的应用相当普遍,不论是春、夏、秋、冬,裙装都有其不同的设计款式,它们在体现人体婀娜的身姿和曲线美的同时,还可以起到装饰的作用,因此,模特掌握衣摆、裙摆的展示技巧是非常重要的。裙装中有各种裙摆的设计,表演大裙摆行走时应手提裙摆,可以单手提裙也可以双手提裙,以大拇指和中指轻轻地提起裙子行走;还可以手拉裙子做身体的旋转,另外,手提裙摆时手型要优雅,如果裙子太长,行走时可以用脚轻轻踢开裙边,以免被绊倒。(图3-80~图3-84)

图 3-80

图 3-81

图 3-82

图 3-83

图 3-84

### (六)脱、拿衣服的方法

有一些衣服的设计是两件套形式,设计师一般会要求模特在行走或前台造型时脱掉外套,展示里面的服装及服装的功能。模特在表演时可以敞开衣襟,用一只手在身后拉掉另一只手的衣袖,脱掉一只袖子,然后再脱另一只袖子;也可以双手拿左右衣襟,将衣服于身后下置,两臂保持在袖筒里,呈半脱状,然后双臂继续向后伸直,使衣服自然向后滑落,用手接住衣领,可以双手或者单手持衣领,如图3-85、图3-86。注意在脱非两面穿的衣服时,应尽量不要让服装的里衬标签外露。还有一种展示方法,可以把衣服脱至肩膀处,手叉腰,如图3-87。拿衣服的动作是基于脱衣的动作基础之上的。拿衣服可以单手拿衣领搭在肩膀上,如图3-88,也可以用一只手拿衣领由内向外搭另一手前臂上,如图3-89、图3-90,还可以用衣袖系于腰间,如图3-91,以及单手向下自然拿衣领,如图3-92、图3-93。

图 3-85         图 3-86         图 3-87         图 3-88

图 3-89       图 3-90       图 3-91       图 3-92       图 3-93

## 八 服饰配件与道具的展示

### (一)首饰

首饰是服饰的装饰品,包括耳环以及项链、戒指、手镯等,分为纯金属首饰、镶宝金属首饰和珠宝玉石首饰等。如果重点展示首饰,手可以放在所要展示的饰品上,可以用手轻轻抚摸,或将所要展示的饰品置于显耀位置。如果重点展示服装,则不需要在首饰上做过多动作,以免喧宾夺主。(图 3-94~图 3-96)

### (二)披肩(围巾)

披肩(围巾)在服装表演中运用得较多,造型多变,表演时可以披在肩上(单肩或双肩),可以系在颈部、胸部、腰部和手腕上,也可以系在头上作为帽子或发带,还可以将大的披肩围在身上直接作为衣裙。(图 3-97、图 3-98)

图 3-94　　　　　　　　　　图 3-95　　　　　　　　　　图 3-96

图 3-97　　　　图 3-98

### (三)帽子

帽子的品种繁多,按用途分,有风雪帽、太阳帽、安全帽、工作帽、礼帽等。展示帽子时,模特可以单手扶帽檐,可以双手扶帽檐,也可以摘帽、手拿帽子,还可以用手玩转帽子或抛接等。(图3-99~图3-102)

图 3-99        图 3-100        图 3-101        图 3-102

### (四)眼镜

眼镜具有较强的装饰性,在服装表演中经常出现,用以增加服装的魅力。表演时可以单手或双手扶眼镜边,如图3-103、图3-104,也可以将眼镜戴在头上或挂在胸前。如果重点表现眼镜的话,可以将眼镜的位置夸张,用手将眼镜居高或定位在肩前、下巴等显耀的位置。

图 3-103        图 3-104

### (五)包

包是人们常用的服饰配件,种类繁多,如手提包、双肩背包、单肩背包、旅行箱(包)等。如作为配件展示,在表演时可以双肩或单肩背包,可以手持包或夹于腋下,可以跨在小臂上,也可以手提或推拉等,如图3-105至图3-110。

图 3-105     图 3-106     图 3-107     图 3-108     图 3-109     图 3-110

如作为重点展示时,可以将包置于显眼的位置,如图 3-111 至图 3-114。

### (六)扇子

扇子是服装表演的常用道具,尤其是在展示中华民族传统风格服装时使用得比较频繁。扇子有很多种类,一般在服装表演时常用折扇,开合扇子以及拿扇子的造型不但要有表演技巧,而且要把扇子的神韵表现出来,使人得到一种传统艺术美的享受。(图 3-115~图 3-121)

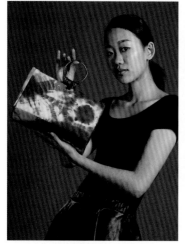
图 3-111

图 3-112

图 3-113

图 3-114

图 3-115

图 3-116

图 3-117

图 3-118

图 3-119

图 3-120

图 3-121

## (七)其他

在服装表演中,除上述几种常见的饰品和道具外,还有以下几种,比如:伞(图3-122、图3-123)、面具(图3-124)、手表、香烟、酒杯、乐器(图3-125)、运动器材(图3-126~图3-128)、拐杖、动物(图3-129)、鲜花(图3-130)、手套(图3-131)等 。

图3-122

图3-123

图3-124

图3-125

图3-126　　　　　　图3-127　　　　　　图3-128

图3-129

图3-130

图3-131

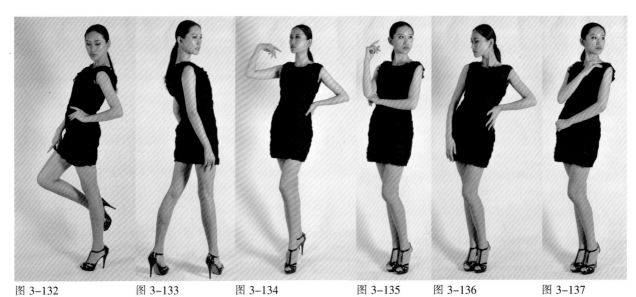

图 3-132　　　　图 3-133　　　　图 3-134　　　　图 3-135　　　图 3-136　　　图 3-137

图 3-138　　　　图 3-139　　　图 3-140　　　　图 3-141　　　　图 3-142　　　　图 3-143

## 九　模特静态造型

### (一)站姿造型

在钟表盘站位造型时,可任意更换重心腿和自由腿,也可不断变化不同的点位,再配合上肢的造型变化,形成不同的、变化的不对称站姿造型(图 3-132~图 3-144)和对称的造型。(图 3-145~图 3-148)

### (二)坐姿造型

坐姿是静态造型的一种常见姿势,当坐下时,身体与腿呈不同的角度,比如钝角、锐角和直角,在造型时可以变换不同角度和腿的姿势,配合上肢与头的不同造型,形成有创意的坐姿造型。(图 3-149~图 3-163)

图 3-144

图 3-145          图 3-146          图 3-147          图 3-148

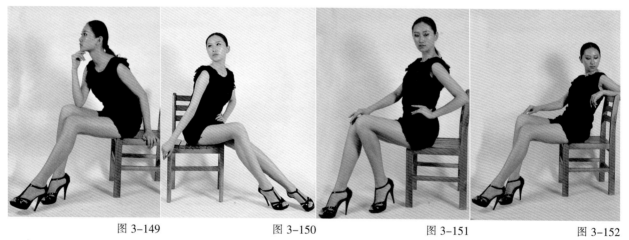

图 3-149          图 3-150          图 3-151          图 3-152

图 3-153          图 3-154          图 3-155          图 3-156

图 3-157          图 3-158          图 3-159

图 3-160          图 3-161          图 3-162

图 3-163

### (三)跪、蹲、躺、倚靠等姿态的静态造型

除了站姿、坐姿造型,还有跪、蹲、躺、倚靠等姿态是在拍摄照片时常用的身体姿态和造型,根据服装及主题风格不同,造型可以夸张、优雅、性感、可爱。(图3-164~图3-172)

图 3-164        图 3-165        图 3-166        图 3-167

图 3-168

图 3-169

图 3-170

图 3-171

图 3-172

## 十　模特的表情

在服装表演中，如果模特只重视台步、造型方面的训练，而忽略了表情的训练，就会失去服装表演的意境，更谈不上传达设计理念了，从而会阻碍观众对服装内涵的深层次理解。一名优秀的模特，会根据不同的演出风格来恰当地把握表情的尺度。表情在时装展示过程中起着画龙点睛的作用，使表演具有形神兼备的魅力，并让观众产生共鸣。

### （一）自然的表情

在自然状态下，人的表情与情感同步，模特能够自然地流露出美好的表情，比如嘴角微微向上表达亲切的表情，或者嘴巴微微张开的优雅的表情，也可以在表演时，通过眼神与观众交流。但美好自然的表情有时也需要一些气氛营造，比如在摄影时，摄影师需要保持着拍摄中的愉悦气氛，与模特沟通、互动，可以抓住一些美好自然的表情。（图3-173~图3-177）

图3-173　　　　　　　　图3-174　　　　　　　　图3-175

图3-176　　　　　　　　图3-177

### (二)热表情

热表情是指面带笑容的、愉悦的表情。(图3-178~图3-182)热表情在时装表演中是使用率较高的一类表情,亲切适度的笑容会受到观众的欢迎,常适用于职业、休闲、运动装等实用类的表演中,还可以用于模特比赛或面试等。热表情根据笑容的程度可分为很多种类,如笑不露齿的微笑,这种表情不张嘴,仅通过围绕嘴部的口轮匝肌将嘴角微微翘起,眼轮肌和面额肌微微收缩即可露出笑意;还有嘴唇微张的笑和健康热情的大笑。同一种笑容又可分为不同境界,如微笑有温柔甜美的、活泼可爱的、朦胧梦幻的、性感诱惑的和含情脉脉的。

图 3-178

图 3-179

图 3-180

图 3-181

图 3-182

### (三)冷表情

冷表情是指脸上不露笑容给人以"酷""另类"感觉的表情。（图 3-183~图 3-188）冷表情一般常用于时尚、前卫的艺术类时装。冷漠的表情使观众产生高于生活的距离感，增加了时装的神秘性。有些模特把冷表情理解为"无表情"表演，甚至认为"无表情"才能突出表现时装。事实上，冷面孔和"无表情"是两种不同的状态和表情，冷面孔是有内涵的，也是一种表情，但"无表情"只能产生"无味"表情。冷表情虽不是面带笑容的，但也绝不是沮丧、生气等痛苦的表情。它应该是面部肌肉保持平静，并略带紧绷感。模特要把握好表情的尺度，使表演得到升华，产生更大的艺术效果。

图 3-183

图 3-184

图 3-185

图 3-186

图 3-187

图 3-188

### (四)角色与个性的定位

每个模特都有自己的表演风格和个性,模特的创作是从确定了所要表演的服装时就开始了,品味每一件时装的特性,体会和确定如何准确地运用形体语言,尽可能地使每一套服装在展示中既符合设计师的意图又体现自身个性特色。模特的角色表演和个性表演是相辅相成的,角色表演是个性表演的基础,没有这个基础,个性就没有了依据,而个性表演是角色表演的升华,没有了个性,表演就千篇一律、呆板、沉闷。角色是定位,个性是发挥,二者结合得好,才能有效地展示服装和模特的魅力。

### (五)"由内而外"表情

时装表演是一种表象化的职业,需要模特将内心的感受充分释放,转化为表情后传达给观众,使观众产生共鸣。表情是情绪、情感的体现,人做出任何一种表情都是内心情感的表露。由内而外的表情必须具备良好的心理素质。

中国传统文化一向以"深藏不露,秀外慧中"为美德,中国人不善于把情绪、情感向外表露。害羞、内敛的性格在一定程度上阻碍了模特的表情训练,克服害羞心理、建立自信心是表情训练的首要问题。模特应大胆释放情绪,勇敢展示自己的表情,培养良好的内心调节能力。模特可以回忆自己曾经最开心的时刻,然后用开怀大笑表达出来,这种真实的情感和表情的表现,再加上轻松、愉快的气氛,很容易打破模特害羞的心理界线,在此基础上,模特根据自己的经历想象不同场景转换出相应的表情,胆子慢慢大起来,表情逐渐丰富起来,进而调动起他们的情绪和表现欲。同时,自信心的建立也来源于模特对表演动作的熟练程度,模特有了扎实的表演技巧,表演时才能得心应手,达到自然得体的最佳状态。只有模特充分展示表情的魅力,具备良好的心理素质,对每一种表情反复推敲、不断磨炼,才能把时装演绎得淋漓尽致,并赋予时装更多的意义,真正体现模特职业的价值。

## 十一  选择训练用高跟鞋

每一场服装秀,都可能是一个模特的人生转折点,选择合适的高跟鞋训练和走秀尤为重要。作为模特训练,应从最基本的高跟鞋起步,掌握基础高跟鞋的走台技巧,才能适应和穿着更丰富多彩的时尚高跟鞋,尽显魅力风采。

高跟鞋是指鞋跟较高的鞋,如今的高跟鞋款式丰富多样,尤其是在鞋跟的变化上更是花样繁多,如细跟、粗跟、坡跟、钉形跟、槌形跟、刀形跟等。模特穿着高跟鞋,因为重心后移,腿部就相应挺直、臀部收缩、胸部前挺,使站姿及走姿都富有风韵与雅致。

模特在训练时选择的高跟鞋首先是要舒适合脚,不合脚或过硬的高跟鞋会磨破脚部皮肤,穿高跟鞋时不要穿较滑的袜子,最好是不穿袜子,这样脚底与鞋底充分接触,更容易掌握和适应高跟鞋。鞋跟的高度可分两个阶段,初学者第一阶段可先选择穿5~8厘米的高跟鞋,这样更容易驾驭;第二个阶段选择的高跟鞋高度可上升到9~13厘米,如果较好地掌握了高跟鞋的穿着技巧,鞋跟高度也可达到13厘米以上。在颜色上可以选择黑色、白色、灰色、裸色或透明色等百搭色系。在鞋的款式上，最好选择包脚高跟鞋基础款型(图 3-189、图 3-190)，或者简洁款的鱼嘴鞋或高跟凉鞋(图 3-191、图 3-192)，不要选择设计烦琐、高帮和鞋底太厚的鞋子。一方面，这类鞋子在训练时会影响脚部踝关节运行的轨迹而影响走姿技巧；另一方面，过厚的鞋底很难用脚感受与地面接触的感觉。

为防止穿着高跟鞋摔倒或扭伤脚踝，模特在训练基本功时要多加强柔韧性的练习和脚踝关节及小腿部的力量训练，另外，模特要学会扭伤后第一时间的保护处理方法。

总之，高跟鞋的穿着技巧是模特所必须掌握的一种，在掌握和驾驭了基础款高跟鞋后，还有更多不同款式和性能的鞋子有待模特去掌握并适应。

图 3-189

图 3-190

图 3-191

图 3-192

**思考与练习**

1. 运用不同的转身方法练习走台。

2. 进行静态造型练习以及夸张的造型练习。

3. 运用不同的道具展示走台练习。

# 第四章　模特形体训练与减肥

　　形体训练是通过引用舞蹈中基本功训练的方法为主要手段,结合音乐,针对人的基本姿态进行的身体活动练习,主要目的是融健身、健心、健美为一体,塑造优美体形及姿态,加强形体美的审美课程。形体训练是以姿态练习、协调练习、柔韧性练习为主要手段,来改变体形的原始状态,提高模特的灵活性、控制力和表现力,培养高雅气质,为服装表演奠定基础。通过形体训练,不仅能加强模特的形体美感,还能增强其自信心,促使其身体素质得到全面的提高。形体美是一个人外在和内在整体所表现出的美学价值,是自然美与社会美的综合体现。

# 一　形体训练

　　形体课的主要内容包括把杆姿态练习以及把杆组合练习、芭蕾手位、基本步伐、身体各个部位的姿态练习、韵律操、地面组合练习和器械练习等几大类。

## (一)形体测量

　　爱美之心人皆有之,模特对于美的感知度较普通人更高,而优秀的身材条件是成为模特的前提。首先在进行形体训练前进行测量,通过测量数据来找出差距,便于今后针对性地塑造和练习。测量的基本内容是身高、体重、肩宽、腿长、上下比例,围度测量包括头围、胸围、腰围、臀围、大腿围、小腿围、踝关节、大臂围、小臂围。通过训练,能够达到改善体重以及各围度(头围除外)的目标。目前很多人认为模特越瘦越好,但事实上,过瘦与过胖都是不美的,长度及围度的比例协调、体重适中、健康挺拔才是美的体现。

## (二)站立形体训练

　　站立形体训练包括把杆擦地练习、小踢腿、大踢腿、压腿、控腿、头部训练、胸部训练、腰部训练、胯部训练、手位姿态训练、脚位姿态训练、平衡性训练、柔韧性训练等。(图4-1~图4-47)

图4-1　　　　　　　　图4-2　　　　　　　　图4-3　　　　　　　　图4-4

图 4-5 　　　　　　　　　　　　　图 4-6 　　　　　　　　　　　　　图 4-7

图 4-8 　　　　　　　图 4-9 　　　　　　　图 4-10 　　　　　　　图 4-11

图 4-12 　　　　　　　　　　　　　图 4-13

图 4-14

图 4-15

图 4-16

图 4-17

图 4-18

图 4-19

图 4-20

图 4-21

图 4-22

图 4-23

图 4-24

图 4-25

图 4-26

图 4-27

图 4-28

图 4-29

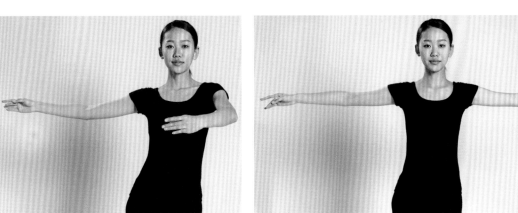

图 4-30

图 4-31

图 4-32

图 4-33

图 4-34

图 4-35    图 4-36    图 4-37    图 4-38    图 4-39

图 4-40    图 4-41    图 4-42    图 4-43

图 4-44    图 4-45    图 4-46    图 4-47

### (三)地面形体训练

地面形体训练结合了瑜伽形体的相关动作练习方法,将身体完全打开,融入时尚美学的每一个要素,提高柔韧性、协调性和身体的力量。在练习中学会深呼吸、慢吐气,保持平和、宁静的心态,消除身体的陈气、废气,学会宽容、乐观地面对生活和工作,动作练习时可根据音乐有节拍地进行快速重复运动,也可在轻音乐中舒缓地进行。(图 4-48~图 4-89)

图 4-48

图 4-49

图 4-50

图 4-51

图 4-52

图 4-53

图 4-54

图 4-55

图 4-56

图 4-58

图 4-57

图 4-59

图 4-60

图 4-61

图 4-62

图 4-63

图 4-64

图 4-65

图 4-66

图 4-67

图 4-68

图 4-69

图 4-70

图 4-71

图 4-72

图 4-73

图 4-74

图 4-75

图 4-76

图 4-77

图 4-78

图 4-79

图 4-80

图 4-81

图 4-82

图 4-83

图 4-84

图 4-85

图 4-86

图 4-87

图 4-88

图 4-89

## (四)步伐训练

服装模特的步伐训练主要是为时装表演奠定扎实的基本功,平时训练以足尖步练习(图4-90)为主,并配以柔软步、弹簧步、跑跳步、交叉步等结合练习。

## (五)韵律操

韵律操是融合了芭蕾、体操、舞蹈等特点的具有创编性的肢体运动,其目的在于提高各关节的灵活性、协调性和柔韧性。韵律操不受场地、器材、人数、年龄、性别等条件的限制,便于学习与训练。有针对性地通过韵律操的练习,能够使人精力充沛、姿态端正、举止灵敏、具有青春的活力,而且还具有趣味性,很适合普及大众。

## (六)健身房器械练习

现在越来越多的年轻人喜欢到健身房去锻炼,有的练习者是为了增加肌肉、增加体重,有的是为了瘦身、减肥。每个人的健身目标不同,因此训练的方法也不同。大致包括以下几种。

### 1. 热身练习

比如用跑步机慢跑或者用功率自行车骑车等。

### 2. 力量练习

用固定力量健身器械或者自由力量器械对身体的2~3块肌肉进行力量训练。还包括杠铃、哑铃、仰卧半身起、仰卧举腿、立卧撑等针对胸部、腹肌、手臂的练习,应采用逐渐递增重量的方式进行练习。

图4-90

### 3. 有氧练习

进行至少 30 分钟的有氧练习,同样可以选择慢跑、快走、骑车等。对于瘦身、减肥的人来说,有氧运动相当重要,有氧运动的时间越长,减肥的效果也就越好。

## 二 减肥

减肥,又称纤体或瘦身。模特是一种对体重、外形有限制的职业,形体肥胖是模特职业的大忌,因此,控制体重、围度和保持身材十分重要。

### (一)肥胖的成因

人体肥胖是由脂肪体积的大小和脂肪数量决定的,而人体成年后脂肪数量恒定,一般性减肥只能减小脂肪体积,不能减少脂肪细胞,因此容易反弹。

#### 1. 先天遗传因素

先天遗传因素主要为生物遗传因素,父亲或母亲双方有一方为肥胖者,子女肥胖的可能性为 40%~50%;父母双方都肥胖,其子女肥胖的可能性为 70%~80%,尤其是母亲肥胖的遗传因素更为明显。

#### 2. 饮食因素

热量摄入过多,尤其是高脂肪饮食是造成肥胖的主要原因。脂肪进入血液后,一部分通过氧化供给身体活动所需要的热量,一部分作为细胞的组成部分,还有一部分转化为其他物质,多余的便进入脂肪库储存起来。如果吃得太多,机体所摄取的热量超过正常的消耗,食物中的脂肪进入脂肪库储存的数最就会增多,从而形成肥胖。

#### 3. 性别和年龄因素

年龄越大,发胖的概率越高,且肥胖者中女性多于男性。据调查,3560 例肥胖患者中女性有 2345 人,占总数的 65.9%。

#### 4. 代谢及内分泌因素

肥胖者代谢紊乱,内分泌失调,体内脂肪分解减慢但合成增多,导致脂肪堆积。

### (二)运动减肥

对减肥最有效的运动就是有氧运动,它能够帮助燃烧脂肪,提高人体新陈代谢。尤其是消耗能量较多的运动,例如慢跑、爬山、快步走、球类运动、游泳等。运动最重要的是持之以恒,同时还要量力而为,以身体的负荷为主,逐渐加大运动量。

#### 1. 游泳

游泳是一项减肥效果显著的运动方法,它是一种全身性运动,不但可以减肥,还可提高人的心肺功能,锻炼全身几乎所有的肌肉。资料显示,水的热传导系数比空气大 26 倍,在相同温度的水里比在同温度的空气里散失热量快 20 多倍,能有效地消耗人的热量。测试表明:在水中游 100 米,消耗 100 千卡热能,相当于陆地跑 400 米,或骑自行车 1000 米,或滑冰 1500 米所消耗的热量。另外,由于水波浪的作用,不断对人体表皮进行摩擦,从而使皮肤得到放松和休息。

#### 2. 爬山

爬山减肥效果明显。尤其是天气炎热的时候爬山,热量消耗大概会增加 20%~30%。爬山是很好的有氧运动,可以达到燃烧脂肪的效果。

#### 3. 慢跑

慢跑运动强度大于步行,其运动量可由自身身体适应状况来决定,速度可快可慢,距离可长可短。

#### 4. 减肥体操

体操之所以适合减肥,除了它是很好的有氧运动外,还在于它是全身运动,不会加重身体的局部负担,导致腿粗或臀部肥大等负面影响,可以增加关节的活动度和身体的柔韧性。长期坚持做减肥体操不仅可以起到减肥的作用,还能调理肌肉,使曲线更加优美,精神状态也会更好。

## (三)减肥原则

#### 1. 科学安排一日三餐

在正常情况下,一般人习惯于一日三餐。人体消耗最大的是在一天中的上午,由于胃经过一夜消化早已排空,如果不吃早饭,那么整个上午的活动所消耗的能量完全要靠前一天晚餐提供,这就远远不能满足营养需要,长期这样下去容易引起很多疾病。如果吃夜宵就会产生超额能量,剩余的能量转为脂肪蓄积起来就容易发胖,所以在睡前三小时以内不要吃任何东西是最理想的减肥方法。

#### 2. 控制主食和限制甜食

控制对含淀粉过多或极甜食物的摄入量,尽量少吃或不吃。副食品可采用瘦肉、鱼、蛋、豆制品和含糖分较少的蔬菜、水果等。

#### 3. 膳食纤维

纤维能阻碍食物的吸收。纤维在胃内吸水膨胀,可形成较大的体积,使人产生饱腹感,有助于减少食量,对控制体重有一定作用。由于食物纤维能促进肠道蠕动,减少脂肪的堆积,可以起到减肥的作用。

#### 4. 适量饮水或喝汤

饮水是人们日常生活中必不可少的,过分限制水,会使人汗腺分泌紊乱,不利于体温调节,适量饮水,可以补充水分,调节脂类代谢。喝汤对人体健康有好处,研究发现,汤是一种良好的食欲抑制剂,因此,一些肥胖者可以采用喝汤来减肥。

#### 5. 少饮酒

酒中的主要成分是酒精,酒精热量高且能促进脂肪的体内沉积,每升酒精能产生 7 千克热量。如果经常饮酒,再食用高热量食物,就可能造成热量过剩,增加皮下脂肪的堆积,引起身体发胖。

## (四)减肥误区

#### 1. 肥胖是营养的积聚,所以不能吃有营养的食品

其实,有些人身体之所以肥胖,并不是单一的营养积累,在很大程度上是因为饮食中缺乏能使脂肪转变为能量的营养素。只有当人们身体中的能量得以释放时,脂肪才能随之减少,而体内脂肪在转化成各种能量的过程中,则需要多种营养的参与。这些营养包括维生素 B2、维生素 B6 及烟酸,富含这些营养素的食物往往是减肥者不愿问津的奶类、各种豆制品、花生、蛋及动物肝脏和肉,如缺乏这类营养食品,体内的脂肪就不易转化为能量,从而使体内脂肪积蓄,以致肥胖。

#### 2. 吃辛辣食物可以减肥

吃辣容易流汗,而且吃一点点已令人有饱的感觉,所以有减肥效用。但是,若长久吃辛辣食物减肥会影响胃部机能,吃太多刺激性食物会令皮肤变得粗糙,所以往往不推荐此种方法。

#### 3. 固定食谱

这样做固然减少了许多食物的摄入,但久而久之会使身体缺少全面的营养成分,有害无益。

#### 4. 每天称体重

每天称体重容易让人受挫,并且不会提供有用的资讯,每周称一次体重来观察长期趋势更重要。与每天称体重可能引起情绪不稳定相比,每周称一次体重更能激发人减肥的积极性。

### 5. 不做运动

光靠饮食控制很难达到理想身材,运动是一项积极健康的减肥方法,可以多尝试一些不同的运动,找到适合自己的或喜爱的运动方式,当然,通过健身房有计划地训练和有氧运动也是有效的减肥方法。

### 6. 药物减肥

减肥药的确可以减肥,但是,必须以运动和控制饮食为前提。值得注意的是,大部分的减肥药都通过抑制食欲来减肥,人们在药物的作用下,食欲不振,体重减轻,但是一旦停止吃药,便会反弹。于是人们就又寻找更强效的抑制食欲的减肥药,长此以往,身体就会产生抗体。减肥药的副作用大,容易产生兴奋、失眠、目眩、头痛、心悸、口干等症状,所以不要被广告所迷惑而盲目使用减肥药。

### 7. 吸脂手术减肥

减肥是一个循序渐进的过程,很多人追求效率和速度去选择手术吸脂减肥,虽然有成效但是不提倡,因为手术减肥的副作用是不容忽视的,比如会反弹、皮肤水肿、头晕、昏厥、伤口感染、皮肤凹陷等。减肥手术只针对严重肥胖的人群,一般人不要轻易尝试。

长相、身材、气质是一名合格模特应具备的必要条件,然而高雅的气质和优美的体态不是与生俱来的,在经过专业的形体训练之后,模特的动作和造型会更加富有表现力。同样,协调的动作和良好的节奏感会让模特在进行服装表演时将个人气质与服装风格融合,从而更好地展示自我。

**思考与练习**

1. 学生自行创编 4×8 拍韵律操及 4×8 拍地面练习操,并分享给大家。

2. 给自己建立一个营养健康的食谱或减肥营养食谱。

# 第五章　服装的风格与表演

当下,服装表演作为展示时尚、展示服装内涵的一个重要媒介,是一门提升人们审美水平的艺术。如今的服装表演并不仅仅是完成服装和服饰展示那样简单,它自身蕴含着深厚的艺术气息,要求模特不仅需要具备基本的素质条件,还要对不同类型、不同风格的服装具有敏感的认知能力以及良好的配合能力,运用恰当的表演技巧,将服装的风格与内涵表达到极致。因此,服装表演风格与服装风格完美结合,相互作用,让服装表演艺术具有独特的个性,更能让观众感受服装表演的艺术魅力。

## 一 时尚都市风格

时尚都市风格推崇"简单、时尚、自我"的生活方式,力求现代感和都市感,线条简洁,摒弃了过往的繁杂与奢华,或充满建筑感的剪裁,或修身立体的廓型,或大胆明快的色块拼接,或性感魅惑的材质,如图5-1~图5-4。模特在表演时要独立、自信、性感,刚柔并济,拥有青春的生命力和活力,音乐要具有现代感,节奏欢快有力,台步要有弹性,动作可稍许夸张。

图5-1                                    图5-2

图5-3                                    图5-4

## 二　职业风格

　　职业装在现代社会中被细分化,有政府机关、学校、公司等团体,有学生、空中小姐、宇航员、引水员、警官、医生护士、店员等职别。从行业的角度划分,职业装可以分为办公室人员的服装、服务人员的服装和车间作业人员的服装,如图 5-5~图 5-8。从产品的角度划分,职业装可以分为西装、时装、夹克、中(西)式服装、制服和特种服装等。西装、时装一般适宜于办公室人员使用,有的时候,服务人员也可以使用;夹克一般可以用于车间作业或室外服务人员;中(西)式服装一般宜于有文化氛围的室内服务场所使用;制服一般为保安等人员穿着;特种服装是工作时有特殊要求的场合使用,比如防静电、防火、防油污等。模特在表演时要根据不同的职业着装,表现出不同的职业感觉,应给人一种干练、端庄、稳重、自信的印象,要求目光有神、面带笑容、台步稳健有力,造型动作要简洁大方,女性可偏中性化。

图 5-5

图 5-7

图 5-8

图 5-6

## 三 田园风格

田园指田地和园圃,以田地和园圃特有的自然特征为形式手段,能够表现出带有一定程度的乡间生活和艺术特色,表现出自然闲适的感觉,包括英式田园、美式乡村、中式田园、法式田园风格等。田园风格服装,是追求一种不要任何虚饰的、原始的、纯朴自然的美,向往大自然,追求宽大舒松的款式和天然的材质,为人们带来如置身于大自然的悠闲、浪漫的心理感受。比如拼贴风格粗斜纹棉布、缀满绢花的宽松直筒连衣裙,以及印花、条纹、格子图案和牛仔等。模特应表现出恬静、悠闲、浪漫的纯真感觉,台步轻盈,造型动作可自然生活化。(图5-9~图5-11)。

图 5-9

图 5-11

图 5-10

## 四　前卫夸张风格

前卫夸张风格服装的造型特征以怪异为主线，富于幻想，具有超前设计的流行元素，变化较大，对比强烈，局部夸张，追求标新立异，反叛刺激。使用新颖奇特的面料较多，比如金属、塑料、纸、涂层面料等。模特在表演时也应根据服装的感觉，表现出神秘、硬朗、魔幻、怪诞的感觉。造型夸张，动静结合，打破常规，音乐也应给人以迷幻、空灵、神奇的感觉。（图5-12~图5-16）

图 5-12

图 5-13

图 5-14

图 5-15

图 5-16

## 五 休闲运动风格

休闲装也叫便装,由于都市生活节奏的加快和工作压力的增大,使人们在业余时间追求一种放松、悠闲的心境,反映在服饰观念上,便是越来越漠视习俗,不愿受潮流的约束,寻求一种舒适、自然的新型外包装。能够体现人的自然体态、简洁大方、适用于运动的休闲装日益受到人们的喜爱。在配件上有帽子、背包、眼镜等休闲生活用品,模特在表演时应给人自然、轻松、活泼的印象,音乐清新浪漫,台步轻盈流畅、有朝气,表演可情景化、生活化、悠闲自然 。(图5-17~图5-20)

图 5-17

运动装是根据各项运动的特点、比赛规定、运动员体型等因素以及有利于竞技的要求而制做的服装。运动服装可分两大类,一类是一般运动服装,如 T 恤、外套、短裤、运动鞋、帽子等;一类是专用的运动服装,即专门用于某项运动的服装,如击剑用的金属衣、冰球运动用的冰球服、登山用的登山服等。现在,各个国家都很重视对运动服装的研究。服装要求轻便、贴身、柔软、有良好的弹性,以利于发挥运动的

图 5-18                    图 5-19                    图 5-20

技术水平,样式美观大方,具有各自的优点和特色。模特在表演运动装时,要表现出积极向上、富有朝气、活泼健康的感觉,动作可以稍微夸张、敏捷,步伐摆动也可以融入韵律操、健美操动作去表现,如图5-21~图5-23。泳装属于运动风格,是水上运动或海滩活动时的专用服装,也是模特及选美大赛时展示形体的专用服装,有一件式、两截式、三点式(比基尼)等样式。泳装体现了现代人的审美情趣和标准,也是提高现代人的生命质量、展现人们健康的最好体现。泳装对模特的要求较高,由于暴露的部位较多,这就要求模特的形体、腿型、三围及肤色都要很完美,表演时要展现出健康、活力、朝气蓬勃的感觉,胯部动作可以适当加大,台步灵活有弹性,也可以跑跳进行,可穿凉鞋或凉拖鞋,也可光脚走台,音乐要轻快优雅,现代感强。(图5-24、图5-25)

图 5-21　　　　　　　　　　　　　图 5-22　　　　　　　　　　　　　图 5-23

图 5-24

图 5-25

## 六　民族传统风格

### （一）中国传统服装

　　旗袍是传统女性服饰之一，是20世纪上半叶由民国汉族女性参考满族女性传统旗服和西洋文化设计的一种时装，它是东西方文化糅合的结晶。在部分西方人的眼中，旗袍具有中国女性服饰文化的象征意义。模特在表演时应体现东方女性的含蓄美，眉目传情，面带微笑，音乐节奏可中速偏慢，动作舒展流畅，转身时充分留头，可运用扇子、伞等道具进行辅助演绎。（图5-26、图5-27）

图5-27

图5-26

中国各民族服装服饰可谓是种类繁多，源远流长。这种具有民族性、丰富性、多样性、实用性、区域性特点的多姿多彩的服装服饰，是历史发展的产物，是独特文化传统的结晶。民族风格服装设计就是将民族服饰的一些形式要素运用于现代服装设计之中所产生的设计风格，如图5-28~图5-30。深入挖掘民族文化历史，并将其与服装设计相整合，可以从视觉审美、艺术情境、结构特征等方面增强服装的视觉冲击力，并体现出我国民族服装的艺术内涵。民族元素在现代服装设计中的应用，体现了物质文化和精神文明的有机结合，高度概括地反映了民族服装的本质特征。

图 5-28

图 5-29

图 5-30

### （二）其他国家传统服装

世界各国的民族服装品种繁多，各民族的服装都具有鲜明的民族特色，如阿富汗的披掩全身的斗篷式女装查连、菲律宾的由纱雅裙和班诺萝上衣组成的女套装他侬、日本的和服、韩国的韩服、印度的女装纱丽、印度尼西亚男女皆穿的围裹裙莎茏、苏格兰的男式褶裙凯尔特、夏威夷的直统型连衣裙姆姆、印第安民族的披风式外衣庞裘等。（图5-31、图5-32）

## 七 礼服

礼服对模特的要求较高，强调女性窈窕的腰肢，夸张臀部以下裙子的重量感，肩、胸、臂的充分展露，为华丽的首饰留下表现空间。如低领口设计，以装饰感强的设计来突出高贵典雅的风格，有重点地采

图5-31

图5-32

用镶嵌、刺绣、领部细褶、华丽花边、蝴蝶结、玫瑰花,给人以雍容华贵、典雅端庄的服饰印象。在走台时动作不宜太多,也不宜过大,过程要放慢。礼服风格包括另类礼服、简洁礼服、复古礼服、宫廷礼服、性感礼服。模特在穿着礼服表演时要表现出端庄、高贵、典雅的风范,台步要平稳、优雅、韵味、大气、气场十足。(图5-33~图5-35)

图 5-34

图 5-33

图 5-35

婚纱是结婚仪式及婚宴时新娘穿着的西式服饰,代表着圣洁和庄严。模特在表演时应给人甜蜜、幸福、温柔、妩媚的感觉,音乐应甜美温馨,造型要自然大方 。(图 5-36、图 5-37)

## 八　模特表演服装风格和个性体现

在服装表演中,我们常常可以看到,有许多模特自身的形体条件非常好,表演也很自然,却往往忘记应该表现的是服装,而不是自身的造型、姿态或自己本人。出现此种情况是因为模特在表演中,

图 5-36

图 5-37

没有运用展示意识来引导形体语言动作,因而,就难以使观众对服装形成深刻的印象。时装模特的职业使命就是要以气质风度为根本,以服装为中心,通过展示的技巧来最大限度地表现服装的艺术魅力和穿着效果,展现服装的灵魂,并把其独特的生命力与优雅的风情传达给观众,使观众被服装表现的内涵所感染、陶醉,产生共鸣与震撼,这才是时装表演的目的。

一名服装模特,仅仅有良好的形体条件是不够的,只学会了表演动作也是不够的。因为服装是千姿百态的,每一件服装所要表现的服装内涵也是不一样的。模特在表演中,要通过适宜的精神气质、风格神韵,把服装的特定个性展现出来,才能算是最有灵性的表演。因此,时装模特要善于发现服装的内在生命力,并通过自己形体语言的变化和各种造型姿态,将服装的内涵表现出来,并展示在人们面前。人们通过服装模特的展示表演,感觉到这种生命力所在,并由此感受生活、感受美,这才是模特表演所应达到的最佳境界。

一场高水平的服装表演,是汇集了多种艺术表现手段的综合性创作工程。就模特而言,则是树立服装特定的角色、创作服装特定个性的创作过程。每个模特都有自己的表演风格和个性,在服装角色的个性确定之后,模特就可以充分发挥其创造性,融进自己的理解和表演个性。所以模特的创作是从确定了所要表演的服装时就开始了:品味每一件服装的特性,熟悉和理解表演用的音乐,在排练中体会和确定如何准确地运用形体语言,发挥独有的个性动作,尽可能地使每一套服装在展示中,既符合服装角色、风格,又体现表演者的个性味道。

在服装表演中,确定服装的角色即服装的特定形象是首要的,这时需要把握定位的是角色的形象。在平时训练中首先要强调形象、穿戴环境、服装与音乐相结合的意境;其次是个性表现,确定表演时动作的幅度、速度、力度和亮相饱和度,这时要把握的是动作的分寸、动作的选择、音乐与动作的和谐;最后,将这一切意识归结到服装的展示意图里,因为在实际表演中,无论模特如何利用音乐的意境去发挥个性,都不能破坏服装本身所具有的个性,冲淡特定的服装效果。所以说,时装表演是保障服装特定角色,表现服装意境、神韵和个性的艺术,突出角色的个性是模特表演的精髓。无论表演如何有情节,如何利用舞美、灯光、音乐,最终还是需要把它面对面地直接展示在观众面前。只有艺术性地创造产品的完美形象,才能体现模特职业的真正价值。

**思考与练习**

1. 尝试各类不同风格的服装表演,4~7人为一组进行编排,将服装搭配成系列。

2. 用废旧材料设计一套前卫夸张风格的服装并展示。

# 第六章　护肤与化妆

模特是时尚的代言人，与最流行、最时尚的内容紧密相连。作为一名服装模特，在服装表演、影像拍摄、品牌宣传、参加大赛、接受采访、面试以及平时形象打理等过程中，都需要针对不同的情况进行不同的形象打理，服装模特形象会对面试、表演起到补充、衬托、突出的作用，会增添更多时尚与美的效果。作为一名服装模特，要能够把握时尚的脉搏、了解妆容和发型的流行趋势、了解自己面部的优缺点、了解自己的气质风格、具备化妆的能力，使自己具有较强的审美能力，让自己真正地成为时尚的代言人。

# 一　皮肤的分类与保养

## (一)干性皮肤

干性皮肤最明显的特征是油脂分泌少，皮肤干燥、白皙、缺少光泽，毛孔细小、不明显，并容易产生细小皱纹，易敏感，长斑，但外观看起来显得整洁。这种皮肤不易生痤疮，且附着力强，化妆后不易掉妆，但干性皮肤经不起外界刺激，如风吹日晒等，受刺激后皮肤会潮红，甚至灼痛，且容易老化起皱纹，特别是在眼角、嘴角处最易生皱纹。只要加强科学护养，即可避免本身的不足，造就出美丽的肌肤。干性皮肤保养最重要的一点是保证皮肤得到充足的水分。在选择清洁护肤品时，宜用不含碱性物质的膏霜型洁肤品，可选用对皮肤刺激小的、含有甘油的香皂，不要使用粗劣的肥皂洗脸，有时也可不用香皂，只用清水洗脸，以免抑制皮脂和汗液的分泌，使得皮肤更加干燥。早晨，宜用乳液滋润皮肤，再用收敛性化妆水调整皮肤，涂足量的营养霜。晚上，要用足量的乳液、营养型化妆水、营养霜。干性皮肤的人平时可多做按摩护理，促进血液循环，多喝水，多吃水果、蔬菜，在饮食中要注意选择一些脂肪、维生素含量高的食物，在秋冬干燥的季节，要格外注意保养，防止皮肤干燥脱屑，延缓皮肤的衰老。

## (二)中性皮肤

中性皮肤表现特征为水分、油分、酸碱度适中，皮肤光滑，细嫩柔软，富于弹性，红润而有光泽，毛孔细小，无瑕疵，是最理想、漂亮的皮肤。在成年人中，中性皮肤的人较少，这种皮肤一般炎夏易偏油，冬季易偏干。平时应注意清洁、爽肤、润肤以及按摩的护理，注意补水和调节水油平衡。

## (三)油性皮肤

油性皮肤表现特征为油脂分泌旺盛、T部位油光明显、毛孔粗大、触摸有黑头、皮质厚硬不光滑、皮纹较深、外观暗黄、肤色较深、皮肤偏碱性、弹性较佳、不容易起皱纹、对外界刺激不敏感。皮肤易吸收紫外线，容易变黑，易脱妆，易产生粉刺、暗疮。油性皮肤应随时保持皮肤洁净清爽，少吃糖、咖啡等刺激性食物，注意补水及皮肤的深层清洁，控制油分的过度分泌，调节皮肤的平衡。油性皮肤宜选择使用油分较少、清爽性、抑制皮脂分泌、收敛作用较强的护肤品。白天用温水洗面，选用适合油性皮肤的洗面奶，保持毛孔的畅通和皮肤清洁。化妆用具应该经常清洗或更换。

## (四)混合性皮肤

混合性皮肤表现特征为一种皮肤呈现出两种或两种以上的外观(同时具有油性和干性皮肤的特征)，多见为面孔T部位易出油，其余部分则干燥，并时有粉刺发生，80%的男性都是混合性皮肤。混合性皮肤多发生于20~35岁间。在使用护肤品时，先滋润较干的部位，再在其他部位用剩余量擦拭。注意适时补水，补充营养成分，调节皮肤的平衡。

## (五)敏感性皮肤

敏感性皮肤表现特征为皮肤较敏感，皮脂膜薄，皮肤自身保护能力较弱，易出现红、肿、刺、痒、痛和脱皮、脱水现象。敏感皮肤的人洗脸时水不可过热或过冷,要使用温和的洗面奶洗脸。早晨,可选用防晒霜,以避免日光伤害皮肤;晚上,可用营养型化妆水增加皮肤的水分。在饮食方面要注意勿用易引起过敏的食物,皮肤出现过敏症状后,要立即停止使用任何化妆品,对皮肤进行观察和保养护理。选择护肤品时应先进行适应性试验,在无任何过敏反应的情况下方可使用。切忌使用劣质化妆品或同时使用多种化妆品,并注意不要频繁更换化妆品,含香料过多及过酸、过碱的护肤品不能用,要选择适用于敏感性皮肤的化妆品。

# 二 化妆工具

## (一)脸部的化妆工具

### 1. 湿粉扑

多形状的海绵块,蘸上粉底直接涂印于面部,绵块可触及面部各个角落,使妆面均匀柔和,是涂抹粉底的最佳工具。

### 2. 干粉扑

丝绒或棉布材料,粉扑上有个手指环,便于抓牢不易脱落,可防手汗直接接触面部,蘸上蜜粉可直接印扑于面部,使肤质不油腻反光,均匀柔和。

### 3. 粉底扫

毛质柔软细滑,附着力好,能均匀地吸取粉底涂于面部,功能相当于湿粉扑,是粉抹粉底的最佳工具。

### 4. 蜜粉扫

化妆扫系列中扫形较大,圆形扫头,刷毛较长且蓬松,便于轻柔地、均匀地涂抹蜜粉。

### 5. 胭脂扫

比蜜粉扫略小,有圆形及扁形扫头,刷毛长短适中,可以轻松地涂抹胭脂。

### 6. 斜角扫

刷头毛排列为一斜角形,可轻易地随颧骨曲线滑动,用于勾勒面部轮廓。

### 7. 扇形扫

刷头毛排列为扇形,主要用于扫除脸部化妆时多余的脂粉和眼影粉。

### 8. 遮暇扫

扫头细小、扁平且略硬,蘸少许遮瑕膏后涂盖面部的斑点、暗疮印等不美观的小区域。

## (二)眼部的化妆工具

### 1. 眼影扫

扫头小、圆形或扁形,便于眼睑部位的化妆。分大、中、小三个型号,大号用于定妆和调和眼影,中号用于涂抹颜色,小号用于涂抹眼线部位。

### 2. 眼影海绵棒

扫头为三角形海绵,便于把眼影粉涂抹到眼部细小的皱纹里,使眼影更加服帖。

### 3. 眼线扫

扫头细长,毛质坚实,蘸适量的眼线膏、眼线粉涂抹于眼睫毛根部,描画出满意的眼线。

### 4. 眉毛刷

刷头分两边,一边刷毛硬而密,一边为单排梳,可在梳理眉毛的同时梳理睫毛,使黏合的睫毛便于清晰地分开。

### 5. 眉扫

扫头为斜角形状,毛质细,软硬适中,扫少许的眉粉于眉毛上,自然真实。

**6. 睫毛刷**

刷头呈螺旋形状,用于蘸取睫毛膏涂于睫毛上,平时也用于梳理睫毛。

**7. 修眉剪**

迷你型剪刀,刀头部尖端微微上翘,便于修剪多余的眉毛。修眉剪也用于裁剪化妆美目胶布贴。

**8. 修眉刀**

刀片为刀头,锋利,便于剃掉多余的眉毛。要注意刀面非常锋利,小心慎用。

**9. 睫毛夹**

将睫毛放于夹子的中间,手指在睫毛夹上来回压夹,使睫毛卷翘,增强轮廓立体感。夹上加有橡胶垫,可防止使用时睫毛断裂。

### (三)唇部的化妆工具及辅助性工具

**1. 唇笔**

笔毛密实,扫头细小扁平,便于描画唇线和唇角。主要用来涂抹唇膏或唇彩,也可用于调试搭配唇膏的颜色。

**2. 镊子**

头部两面扁平,便于夹取物体,主要用于夹取修剪后的化妆美目胶布贴,方便地贴于眼部。

**3. 化妆笔削刀**

适合眉笔、眼线笔、唇线笔等使用。

**4. 化妆胶布贴**

透明或磨砂、不透明的胶布,剪出半弯形胶贴,贴出美丽双目。

## 三 化妆步骤与化妆品的类型

### (一)化妆步骤

修眉→美目贴→涂隔离霜→转肤调整肤色→涂粉底→轮廓修饰→遮暇→定妆→眼部(画眉→眼影→眼线→睫毛)→鼻部→唇部→腮红→高光阴影→定妆

### (二)脸部的化妆品

**1. 妆前乳液(隔离乳)**

化妆前的基本保护,保湿滋润,使妆容更加服帖,并有效抵抗紫外线辐射,隔离尘垢。

**2. 粉类**

有较强的遮盖性,可掩盖皮肤的瑕疵,改善皮肤质感,使皮肤显得光滑细腻有整体感。要选用适合自己的粉底,可以取少许粉底涂抹在下颌或颈部,然后拿一面镜子在自然光下观察,如果看不出差别的、与自身肤色接近的,那就是适合你的粉底了。色差鲜明、过白与过暗的粉底都不适合,因为与自身肤色有一定的区别,难以过渡融合。

(1)遮瑕膏:用遮暇扫或棉棒蘸少许涂于需遮盖的部位。

(2)粉饼、蜜粉:上好底妆后,用粉扑或蜜粉扫均匀,扑印面部。

(3)粉底液:液状,水分多,脂类少,粉质细薄透明,效果自然真实,适用于夏天。

(4)粉底霜:霜状,相对于粉底液来说,水分少,脂类多,粉质密度略厚,透明度略小,遮盖力较好,适用于秋冬季。

(5)粉底膏:成分与粉底霜相同,粉质密度厚且干,透明度低,遮盖力好,适用于面部的大面积遮暇与改变肤色、肤质的妆容，使用粉底膏作为底妆，妆容保存时间较粉底液与粉底霜更持久。

（6）遮瑕膏：密度更高，遮盖力更强，可以有效覆盖黑眼圈、色素沉着、斑点、暗疮印、胎记等。

（7）粉饼：以粉料为主要基体，粉质效果与蜜粉相近，有定妆补妆的作用。

（8）蜜粉：固定妆面不脱妆，减少粉底对皮肤的油光感，使妆容整体效果保持柔和。

### 3. 腮红

改善肤色，使肤色变得健康红润，涂在适当的部位可调整脸形的视觉效果。

## （三）眼部的化妆品

### 1. 眉笔

调整眉形、强调眉色，使面部整体协调。在眉毛所需的部位描画，描画后再用眉毛刷或眉扫均匀扫开。

### 2. 眉粉

功能与眉笔一样，区别在于眉粉是粉状的盒形包装。

### 3. 眉毛膏

深色眉毛膏可加强眉毛的浓密度，浅色眉毛膏可减淡眉毛的颜色。

### 4. 眼影

改善和强调眼部凹凸的结构，修饰轮廓，色彩眼影可加强眼睛的神采。用眼影扫或眼影棒蘸适量的眼影涂在眼部皮肤上。

### 5. 眼线笔

形状与性质接近眉笔，用于加强眼睛的立体感，使眼睛明亮有神采，眼线粗细可随意控制。

### 6. 眼线液

液体眼线笔，性质与眼线笔一样，可以调整修饰眼睛轮廓，加强立体感。使用方法与眼线笔一样，区别在于不易于控制描画，但保存妆容的时间更持久。

### 7. 睫毛膏

加强睫毛的浓密度和长度，使眼睛倍添魅力。

## （四）唇部的化妆品

### 1. 润唇膏

无色或浅淡色润唇膏能有效滋润唇部，预防唇部出现干纹或干燥爆裂，防晒润唇膏能有效防止紫外线的伤害，使唇部保持健康润泽。

### 2. 唇膏

增强唇部色彩，与整体妆容协调柔和。

### 3. 唇彩

黏稠液状，色彩丰富，明亮滋润，可以增加唇部立体感与光亮感，使唇部更加丰满滋润。

# 四　妆容分类

## （一）生活妆

在日常生活中，对外形容貌进行打扮或装饰即为生活妆，主要用于弥补和修饰自身不足，使外形更符合生活审美需求。生活妆以美化为主要目的。如果是在自然光线下，人与人近距离地交流，这样的生活妆不宜有过于明显的化妆痕迹，应以保持自然状态为基础稍微进行修饰；如果是在特定的环境中，比如面试、庆典、宴会等，妆容要与环境相协调，大多数情况下，要保持真实性，不宜太夸张，修饰过的面部皮肤色泽均匀、和谐、统一，符合大众审美标准,通过外在美的形式,提高自身气质、品位、自信,从而在精神上得到审美的愉悦。

### (二)表演妆

表演妆是根据舞台特点和表演需要,用较为夸张的化妆技法,使妆容更符合舞台需要,表演妆又分为时尚妆和创意妆。

#### 1. 时尚妆

时尚妆容给人以清新、优雅、大气的感觉。在很多演出中,时尚妆不需要太夸张,模特需要保持自身的形象,根据服装的风格和演出的风格,结合时尚的审美,美化自身形象。(图6-1~图6-16)

图6-1

图6-2

图6-3

图6-4

图6-5

图6-6

图 6-7 图 6-8 图 6-9

图 6-10 图 6-11 图 6-12

图 6-13 图 6-14 图 6-15 图 6-16

### 2. 创意妆

　　创意妆是根据设计师或化妆师的创意思维并结合表演风格的需要而画的一种表演妆，是一种造型艺术，运用了多种多样的表现手法，对生活中的造型元素进行了生动的提炼和艺术的升华。创意妆对模特外形进行夸张的塑造，使更多的外界元素渗入妆面以形成更好的效果，从而达到一种具有创意的化妆概念。（图6-17~图6-36）

图 6-17

图 6-18

图 6-19

图 6-20

图 6-21

图 6-22

图 6-23

图 6-24

图 6-25　　　　　　　　　　　图 6-26　　　　　　　　　　　图 6-27

图 6-28　　　　　　　　　　　图 6-29　　　　　　　　　　　图 6-30

图 6-31　　　　　　　　　　　图 6-32

图 6-33

图 6-34

图 6-35

图 6-36

# 五　化妆检查与皮肤护理

## (一)化妆检查

化完妆后,面对镜子,然后再离镜子稍远一点,从局部到整体仔细检查一下妆容的效果如何,一般从以下几个方面去观看。

### 1. 观发际与眉毛洁净度

发际上沾的粉底霜可用湿纱布或湿毛巾擦去,沾在眉毛上的粉底霜最好用眉刷刷掉。

### 2. 观眉妆

从双眉是否画得对称均匀,眉型是否一致,眉毛浓淡是否得宜,眉峰高低是否统一,眉型与脸型是否协调等方面进行观察。如果画得高低不一致或是一边过重、一边过轻,都会破坏脸部的均衡。

### 3. 观眼妆

两眼妆容是否对称,半闭上眼时,眼睛是否也好看。眼影浓淡程度如何,边缘是否无过渡而显得生硬,与鼻侧影相连处是否相融,眼线有没有漏画。

### 4. 观睫毛

睫毛涂得是否均匀,睫毛上是否沾有粉底霜或香粉。

### 5. 观唇

口红涂得是否规则,唇轮是否齐整,上下唇嘴角是否相连,牙齿上是否沾有口红。为防止牙齿沾上口红,在涂完口红后应张开嘴唇,用小棉球擦拭唇的内侧。此外,口红颜色不能过重,光泽要适度。

### 6. 观脸色

胭脂用量是否合适,脸色是否自然、健康。

### 7. 侧面观察

侧过脸来检查一下,眉毛、眼线和口红的轮廓是否协调匀称。

### 8. 远视

远离镜子看看,脸上是否像罩上一层东西,颈部和面部的颜色是否一致,如果不一致,可选用一些粉底霜调整。

### 9. 左右观看

面部左右是否平衡,左右眉毛是否对称,两只眼睛是否一样大小,口红是否均匀,颜色是否得当,腮红颜色是否均匀,位置是否合适,还需仔细检查一下面部左右的修整是否均匀一致。

### 10. 整体给人的印象如何

化妆结束后,要看看像不像自己,自己是否满意。化妆的效果与自己本身的年龄、性格、气质是否和谐一致。比如少女和青年人,本身就富有青春魅力,不需涂抹太浓太厚的妆容,而中年女性由于颜面衰老,皱纹增多,要注意是否涂得过薄而未能掩饰住面部缺陷。如果化妆造成的气氛与自己本身的气质等相差悬殊,反而给人一种不自然的印象。

## (二)补妆

补妆是指补画化妆品在脸部已质变的部位。脸部的妆容一般只能保持一定的时间,时间长了就会出现脱妆的情况。补妆步骤如下。

### 1. 清除汗渍

用面巾纸轻轻擦掉汗渍,不要太用力,不然会破坏底妆。

### 2. 吸去油脂

用吸油纸轻轻按压,吸去面部油脂,尤其是 T 区,动作同样要轻柔,用力拉扯只会让毛孔变得更粗大。

**3. 刷去残渣**

用一把干净的小刷子刷掉脱落的睫毛膏残渣,这些小点看似无妨,但混合了眼周的油脂,就是造成黑眼圈的罪魁祸首。棉签的妙用也在此,蘸取化妆水或乳液就能擦掉晕开的眼部彩妆。

**4. 蜜粉定妆**

用蜜粉轻拍整个脸颊,尤其不要忽略眼部周围,要根据肤色和肤质选择蜜粉。如果粉扑难以使妆效轻薄,要用大的粉刷最后扫去多余的粉末,才能使妆容得到轻薄透明的效果。

**5. 完美补色**

最后用睫毛膏重新刷一遍睫毛,补上腮红和唇膏,便可恢复神采奕奕。

### (三)化妆前后的皮肤护理

**1. 化妆前的皮肤护理**

(1)清洁面部:使用适合自己的洁面产品对面部进行清洗。

(2)使用化妆水:平衡面部的酸碱度,补充皮肤水分和营养。

(3)润肤:使用润肤的产品,使面部彻底滋润。

(4)妆前隔离:涂抹妆前底乳或隔离乳(霜),起一层保护的作用。

**2. 化妆后的皮肤护理**

(1)眼部卸妆:使用专业的眼部卸妆产品将眼影、眼线、睫毛膏、眉毛等一一卸除。

(2)面部卸妆:使用卸妆油对全脸的化妆进行溶解、卸除。

(3)全面深层清洁:使用深层洁面用品,把脸上的残余妆容彻底洗干净。

(4)化妆水:平衡皮肤,收缩毛孔,补充水分与营养。

(5)眼霜与润肤:使面部得到全面滋润,保持健康状态。

**3. 每周的皮肤护理**

(1)去角质:用角质凝胶或磨砂膏之类的去角质产品对面部进行深层清洁。

(2)面部按摩:使用按摩膏均匀涂抹脸部,并进行按摩,增加面部的血液循环,促进新陈代谢。

(3)敷面膜:使化妆引起的皮肤问题得到明显的改善,补充水分,吸收营养,使皮肤得到健康保护与改善。

# 六　模特应具备的化妆造型能力

## (一)了解自己的脸型及面部结构

因为模特的职业特点要求,模特要上镜,在舞台上要有气质、漂亮、有个性,所以一般情况下,模特的脸不能太平、太大、太方。小椭圆形脸结构突出,这样的脸在镜头里会很美。可是有很多的模特她们有很强的表现力,但面部结构并不是很好,这就需要通过修饰面部轮廓,使她们更上镜。除特殊类的化妆外,只有通过化妆,模特才能拥有漂亮的面容和骨感脸型。

在人的面部比例中,虽然"三庭五眼"是基本的比例要求,但是面部比例和五官的位置并不是衡量模特美或不美的绝对标准。我们可以在现实生活中发现,很多模特的面部不合乎规定的标准,但是通过化妆手段调整面部的比例也能达到和谐。

人的脸型可以分为很多种,模特具有各种不同的脸型,掌握修饰这些脸型的知识能更好地找出自己的特点,根据粉底的深浅、腮红位置的变化,以及眉形、眼形、唇形的变化,使面部产生错觉,趋于标准,让自己更加完美,提高自己对化妆的感觉。

### (二)要了解妆型的流行趋势,培养审美意识和创作能力

服装模特要熟悉最新流行化妆品的色、质,熟悉最新的流行妆型,培养自己的审美能力,在化妆师化妆时能提出更好的建议,使自己更具有现代感,更漂亮,更能符合整体要求,与展示的服装协调统一。

了解时尚的妆型,就需要模特细心地收集电视、报纸、网络、杂志上的时尚妆型,了解其中的内涵及流行的主题内容,经常观看演出,注意妆型与服饰的搭配及所要展示的内容等,提高对妆型美的感受能力。我们经常看到有些发布会的妆型很特殊,很夸张,有的甚至把脸都罩起来,等等,如图 6-37~图 6-39。我们要多去分析,用真情实感去感受,从而增加对造型美的感觉。化妆在服装表演中非常重要,作为一名模特,只有不断培养自己的审美意识,提高自身的审美能力,增强对时尚的妆型的感受力,才能在舞台上把服装展示得淋漓尽致,这也是服装模特的一个基本素质。

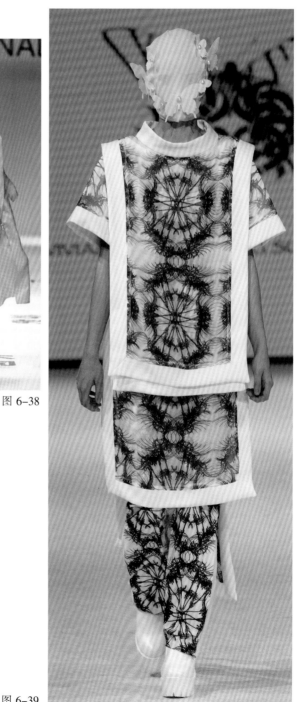

图 6-38

图 6-37

图 6-39

### (三)要有化妆的技术和能力

模特不仅要了解如何运用色彩,分析时尚妆型,开拓想象力和创造力,还要具有独立化妆的能力,学习化妆的基本常识和手法,经常练习脸部各个部位的化妆技巧。

眼部的化妆是面部除了结构打底之外的一个重要内容。在画眼影时,我们经常会采用水平晕染和纵向晕染多种手法。在化妆上还要掌握技巧,眼影绝非色彩的堆砌,它的层次来源于将适合的颜色涂在适合的位置,掌握了基本的晕染手法,就可以将深浅不同的颜色按照几种不同的基本方法来搭配,如上下法、内外法、倒钩法等。

同样的面孔通过化妆会有不一样的感觉,如果去参加一个面试,把自己装扮得自然、靓丽、得体,就会受到重视。所以化妆的技术能力对于模特来说非常重要。

**思考与练习**

1. 谈谈自己的护肤心得。

2. 为时装秀设计一个整体妆型,要与主题和时尚紧密相连,并自身实践操作一下。

# 第七章　服装表演场地

服装表演灵活多样,因表演的目的、性质不同,表演的场地和环境也不同,服装表演场地的选择范围很大,但在选择场地时一定要考虑场地的空间、电源和交通问题。不同的场地会设计不同的舞台效果,场地的选择是服装表演成功的关键。

# 一 室内场地

## (一)宾馆

在宾馆举办服装表演适合服装设计大赛、模特大赛等各种赛事以及发布会及专场表演。通常宾馆(尤其是高档宾馆)的环境优美、设施齐全、服务周到,能为观众创造一个良好的欣赏环境。一般宾馆的交通都非常方便,基本能解决灯光和音响问题。宾馆内部有多处可选作表演场地,如多功能厅、夜总会、楼内大厅、大会议室等,但是一般都无伸展台,用伸展台需临时搭建,还需要补充灯光,表演也受到一定的限制,不能制作较大的背景。

## (二)剧场

在剧场举办服装表演适合各类服装发布会、专场演出、服装和模特比赛等。剧场的舞台灯光设施齐全,能满足进行时装表演所需的灯光,更衣室、化妆室也能满足表演的需要。舞台空间大,可根据需要在舞台上搭建楼梯台阶、大型硬背景、升降台、运动台等;剧场舞台都配有大型的升降帘、升降幕布、背投灯光等,随时可以改变软背景,营造适合演出的氛围;一般都有演出用的音响设备;有较多的观众席,但没有伸展台,所以模特与观众距离较远。如搭建伸展台,还需解决部分灯光问题。

## (三)电视台演播厅

电视台演播厅可做现场直播,产生新闻效应;通过电视播放观看人员多,覆盖面大;灯光、音响、舞台美术效果很好。但演播厅的现场观众少,对模特的要求也较高,费用较高。

## (四)室内体育馆

在体育馆举办服装表演适用于大型的活动和综合性的演出,比如服装节、艺术节、大型模特类赛事等,体育场容纳观众多,有利于广告宣传,易拉赞助商,演出可利用的空间大,适宜搭建各种形状的表演台和大型背景,演出场面大、壮观、热烈,但表演台、灯光都需重新解决,观众距模特较远。

## (五)商场

在商场举办服装表演主要是一种促销活动,目前较为常见,也有一些模特比赛设在商场举行。在商场内举办服装表演,观众大多数为消费者,不需特邀,有利于促销,对表演的舞台和灯光要求也不高,随意性比较强,表演时模特和观众距离较近,观众可清楚地欣赏服装。但一般商场没有专业的服装表演舞台,需临时搭建表演台并设置必要的灯光,此外,观众复杂,维持秩序难度大。

## (六)展览馆

在展览馆举办服装表演适合各个企业和品牌的发布会和专场演出等。尤其是在展会期间,前来观看的人比较多,模特离观看人员近。展览馆有一定的空间,可搭建较大的表演台,但没有专用化妆室和更衣室以及后台休息室,也没有专用的音响和灯光,如需要可以临时搭建,但产生费用较多。

### (七)专业服装表演厅

专业服装表演厅可容纳 400~500 人观看演出,可举办大型的时装发布会、服装设计大赛、模特大赛等,是服装设计专业、服装表演专业学生的最佳实习、训练场所。

## 二 室外场地

在室外场地演出一般规模比较大,观众较多,突出现场感,能体现活动的特色,但室外演出活动不像剧场演出有完备的舞台、灯光、音响、后台等条件,露天演出带来的一些问题是剧场等室内演出场所很少遇到的,因此,必须考虑其特殊性要求,才能使演出顺利进行。如舞台、后台的搭建等问题较多,还要考虑演出时的光照问题,如果是晚上演出,因为要装灯,要考虑接电方便,以免使输电线路穿过观众席,造成安全方面的隐患,同时也加大了演出成本;如果是白天演出,在演出时间的选择上,要考虑阳光照射的角度,以免演员或观众睁不开眼睛,应安排表演区演员面对阳光,比较好的角度是阳光斜 45°照射舞台,不能背光,观众席、主席台要背光,否则日光刺眼,影响观看。同时,要做好现场疏导工作,避免事故发生。室外场地还受天气制约,需关注气象做好预测和策划。

在室外可以选择以建筑物、名胜古迹、历史文物等作为服装表演的背景,品味历史文化和现代时尚的结合,富有创意,给观众不一样的视觉感受。比如皮尔·卡丹的长城服装秀(图 7-1)、沙漠服装秀(图 7-2、图 7-3)、拉萨布达

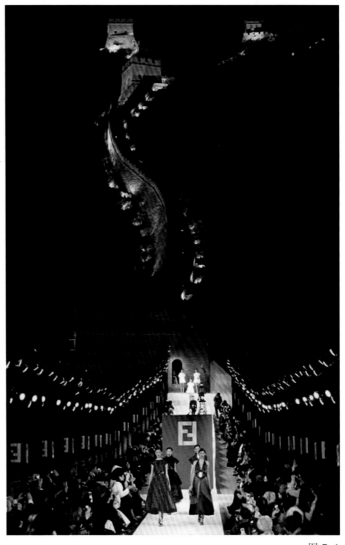

图 7-1

拉宫广场举行的世界精英模特大赛等，还可以选择度假村或公园(图7-4)等场地。各个城市都有各种不同风格的度假村和公园，大都环境优美，风景秀丽，在这些场地举办服装表演，可以给观众带来舒适的享受。比如在北京颐和园、北海公园和武汉的东湖公园等举办服装表演，室外体育场、广场、商场等地也是经常举办服装表演的室外场所。

图7-2

图7-3

图7-4

## 三　表演台

　　服装表演场地分为正式场地和非正式场地两种。非正式场地没有特殊的空间要求,在商店的卖场、生产商的展厅、宴会厅的空场中都可以进行服装表演,最大特点是距离观众比较近,没有演出的隔绝感,更加生活化、随意化。正式场地是专为服装表演设计的,不同的演出场地可以设计出不同的舞台台型,其造型取决于演出场地的大小和观众人数的多少。在表演台设计中,一个很重要的细节是现场观众的可视度。观众无论从哪个角度都应该能看到模特的表演。要注意现场的各种梁柱、幕布或建筑障碍物,避免挡住观众的视线。伸展台高度应该恰好能使观众轻松地观看表演。在较小空间里举行的时装发布会,比如在展览厅举行表演,一般高度在20~25厘米。在剧院举行服装发布会时,一般伸展台要增高到90~120厘米。较为理想的伸展台高度介于45~80厘米。通常,由于伸展台采用120厘米×120厘米的拼块构成,所以其尺寸一般是拼块尺寸的倍数。典型的商业性服装表演伸展台长度是10~12米,一般大型时装发布会的伸展台达15米以上。伸展台的宽度可以决定在特定时间内同时并排出现在台上的模特数量,三四个模特可以并排走,由此可增加视觉效果。伸展台可以设计成各种各样的形状,但是最普通的包括下列几种,如"T""I""E""X""H""Y""V""Z""S"字形及"十"字形等。不同的伸展台形状有其各自的特点。最为常见的是"T"形台和"I"形台。"T"形台是舞台和所延伸出的部分的组合,空间构成简单、大气;倒"T"形台和"工"形台前台宽展的台型,有助于表现系列服装的整体效果;"Y"形台、"V"形台十分相似,模特的活动空间很大,观众的视角很多,这种台型也非常有吸引力,可以增添表演的多样性;"U"形台、"E"形台、"口"形台等包括两个或更多直线伸展台并且有连接二者的带状区域,这种形状的特点在于可以使几个模特同时出现在各自的伸展台上,以增加演出的趣味性变化和创意的编排,特别是在较大系列的演出时,会达到意想不到的效果。其他创意性的舞台还有很多,比如"X"形台、"H"形台、"Z"形台、"十"字形台、"S"形台、"O"形表演台,等等。

## 四　灯光与音响

### (一)灯光

　　随着科学技术的不断进步,近百年来舞台灯光技术也有了突飞猛进的发展,尤其在近几年发展更为迅速。灯光设计师借助光来创造充满色彩与美丽的生动世界,赋予服装作品以生命力。服装表演同其他演出一样需要灯光。通过灯光对舞台气氛的渲染、烘托,演出的内容得到强化,使观众更能产生身临其境的感受,缩短了模特与观众的距离。因此,作为创造舞台意境的重要手段,灯光成为舞台艺术家们的调色板。然而设计一场演出的灯光,需要灯光设计师考虑很多方面的因素。

#### 1. 灯光具有装饰性

　　若舞台上没有灯光,则舞台、布景、服装、人等将无法为人们所见,因此,舞台空间就像一块画布,而灯光则是导演和设计师的画笔和颜料,他们利用灯光一点一点地将舞台画面着色。灯光的装饰性表现力很强,可以烘托气氛、构造情调、形成格调,特别是在模特出场之前和表演间隔时出现的装饰性色光,更是服装表演的审美手段。一般来说,在促销类表演和发布信息类服装表演的过程中不宜使用色光,因为它会改变服装本身的色彩,会影响服装实际效果的展示。当然,如果设计师需要用变化的灯光来丰富其作品的表现力,那么在服装款式设计时就要考虑相关色光影响的效果。而娱乐类服装表演为了达到表演的效果,提高视觉冲击力,便可以大胆地使用灯光的装饰作用。

#### 2. 灯光具有指向性

　　编导只给观众看他们想给观众看的东西,因此在服装表演中往往会把想给观众看的部分打亮,而把其他的部分留在黑暗中。编导通过采用选择性的可见度,由灯光依照舞台区位或人物、服装的重要性,做有层次及选择性的照明。由于人类的眼睛对光线特别敏感,当舞台有灯光亮起时,观众会将眼睛的焦点集中在有亮光的地方,而舞台的追光灯,就像手指的指点一样,有方向感和焦距作用,起到引导、指挥、调动观众视线的作用。舞台编导的意旨有时是在布光层次中体现出来的,他们通过灯光组织观众的欣赏,使不同距离、不同角度的观众都能清楚地看到表演。灯光对服装表演的指向性也可以通过灯光的明暗对比、色彩对比来体现。

### 3. 灯光具有造型性

经过系统、深入构思的舞台光,可以突出服装的肌理感、层次感和模特面部的立体感觉,增加模特造型的空间立体感。特别是润饰光的作用最为明显,它可以改变模特的面貌,能够起到揭示人物内涵的作用。因为它本身是一种电磁波,色彩能显示和激发情感,光和光色变换的节奏一旦与人物内心情感相呼应,便可以诱发、刺激观众的感觉器官,从而能够引起观众心理的变化、心理节奏的共鸣和思维的联想。因此,灯光在渲染、烘托表演情绪方面已成为当代舞台中的一种"特异功能"。

### 4. 灯光具有结构性

在某些场景中,灯光可以提示或隐含有关时空的条件,而这些时装表演时空中的真实时间就成为灯光设计可以依循的基本条件,借以决定有关光源的方向、颜色,如以灯光制造出午后阳光的效果,或冬季清晨的效果,或秋天落叶枫红的效果等。灯光还可以分割时间与空间,使空间在时间中流动起来,控制欣赏的节奏与范围,这种调度的手段主要是利用有光和无光、强光和弱光以及光的色彩搭配来组织工作场面的转换和表演过程的变化。

### 5. 灯光具有音乐节奏性

灯光具有音乐性和很强的节奏性。在演出中,色彩的变化、强度的变化、光线的位移一旦与此起彼伏的乐曲融合,其美妙的视觉形象和听觉效果就可以使表演节奏与舞台气氛得到进一步的加强。它们与服装表演时作品的动感结合起来,会产生意想不到的合力。例如在都市风格和嬉皮士风格的服装表演中经常运用音乐节奏性较强的灯光。

灯光设计一定要和编、导、音乐、服装、人物及各部门协调统一,把设计渗透到思想和艺术中去,这样才能使舞台表演有血、有肉、有光彩,光色功能才能充分得以体现。

## (二)音响

服装表演音响控制系统包括控制台和周边设备,在音乐播放器中,经常使用的是笔记本电脑、CD 机、MD等。在表演过程中,为了避免音乐出现错误,需在彩排前不断调试和备份,确保演出顺利进行。

## 五 背景

一台成功表演的打造,离不开舞台背景的衬托,舞台背景的映衬起着至关重要的作用。不同的表演需要不同的背景,一般的时装表演台背景造型应简单、以板式为主,色彩应使用纯净的素色。这样做的目的是突出服装作品。有的服装表演为了更加切合主题与风格,可以运用静态图片为背景,也可以运用动态视频做背景。

## (一)背景按材料不同分类

根据材料不同,背景要分为硬背景、软背景和综合式背景。硬背景是指用硬质材料制作的背景,有固定式和可动式。固定式指背板确定后各部分固定不动,可动式是根据表演需要可以活动,包括翻转式、旋转式、升降式和对开式等。软背景是指用软质材料制作的背景,背景幕可根据需要设定层数,在表演中进行升降,多数在大剧院表演时使用。综合式背景是由硬背景和软背景综合而成,这种形式在搭建时较为复杂,成本较高,一般在大型演出时使用。舞台背景装饰可以是素净的纯色,也可以用戏剧性强的背景做装饰;可以用具有灯光和阴影效果的背景,也可以将幻灯片投射在背板上做背景。

### （二）多媒体背景的运用

多媒体是计算机和视频技术的结合。随着多媒体视频背景的发展，中国率先运用这项技术并且产生了较大影响，在很多服装表演现场，视频技术的运用越来越丰富且精致，背景画面与舞台表演相得益彰，成为艺术表现的新亮点，留给观众无比美好的视觉回忆。

幻灯机和高亮度投影机曾被广泛利用，它可以在白色的背板上、在黑暗的环境里，投射出绚丽多彩的图像，但是，演出灯光开启后，幻灯机投射的图像清晰度会受到很大的影响。现在已经开始使用 LED 作为服装表演背景，它的特点是不怕灯光照射，图像更清晰。LED 是以单位模块的形式组合的，可以组合成不同造型，有利于舞美设计。LED 的使用不仅增强了舞台背景的动感，而且给观众带来身临其境的感受，是现在比较流行的舞台设备之一。（图 7-5~图 7-7）

图 7-5

图 7-6

图 7-7

## 六　后台

后台是服装表演场地的重要组成部分,包括更衣室、化妆间、候演区和生活区。

### (一)化妆间

化妆间是模特化妆、补妆和做发型的地方,需要设有镜子、桌椅和照明,位置以距舞台背景越近越好,有利于模特临时调整妆容和发型。

### (二)更衣室

更衣室是人员和物品最多的地方,为了保证演出的顺利进行,后台的管理很重要,位置以距背景越近越好,这样可以保证模特的出场、返回时间及方便前后台联系。更衣室应当宽敞明亮,温度舒适,地面平整,防滑,避免台阶;要配有足够的龙门架,一般一个龙门架可以供 2 名模特使用,多余的龙门架悬挂备用的服装;为了保证模特在换装时容易拿到服装,服装应该用专业的上衣衣架、裤子衣架分别悬挂,所以需要足够的小衣架;需要立式穿衣镜供模特观察穿着服装的效果;还需要摆放饰品的桌子,并设置一块熨烫和修补服装的空间。更衣室的卫生要保持好,一是有利于模特表演的心情,二是保证服装不受污损,大、中型演出,还要配有穿衣工,另外要加强安全防火管理,配备必需的消防器材,如果是在室外演出,还要特别注意服装、饰品及人员的安全问题。

## 七　场地布局及舞美

对舞台场地做统一布局,以更好地发挥场地优势、烘托服装表演所需要的气氛。不同的演出场所可能会设计出不同的舞台,其布局取决于演出场地的大小和观众人数的多少。选择服装表演场地就决定了服装表演的大环境,舞台场地布局则是营造表演氛围最直接的环境。

　　舞美要与表演主题和服装风格相呼应，在合理的基础上不断创新，如图7-8~图7-13。创新是一切设计活动的核心,服装表演更是如此。在舞美设计领域中，创新不仅是灵魂，还是生命。任何艺术都必须坚持与时俱进,不断发展和创新,对新时代人们不断变化的审美进行适应,只有这样,才能够取得长久发展。舞美设计不仅是一项复杂的精神活动,更是一项复杂的系统工程。舞美设计如果缺少创新，便等同于缺少舞台美术,因此，舞美艺术必须要呈现深层次、系列化和全方位的创新。

图 7-8

图 7-9

图 7-10

图 7-12

图 7-11

图 7-13

**思考与练习**

1. 设想一个服装秀主题,设计一个服装表演舞台,要具有创意。

2. 谈谈最近观看的服装表演都是在什么样的场地举办的。

# 第八章　服装表演策划与编排

伴随着现代商品经济的迅速发展,服装表演行业越来越规范化。在全球一体化的大背景下,服装表演独具的行业魅力日益突出,这种魅力的核心就是服装表演编导。举办一场服装表演需要涉及很多方面,包括许多细节工作,如何使一场服装表演吸引观众,真正达到预期目的,收到好的效果,这都要求我们要从多方面做好设计和安排。服装表演编导是整场演出的核心,是服装表演的编排者、设计者和组织者。一名好的编导必须理解时装设计师的艺术构思,并将其贯彻到每一丝光影和每一个鼓点;必须懂得模特的美丽特质,使其与时装和配饰相得益彰;必须有艺术的品位和创意,才能将这一切融合在一个舞台上。

# 一 演出组委会

组织一场服装表演,涉及多个单位、部门和人员,需要成立相应的小组,明确分工,统筹全局,进行全面的规划。

## (一)总策划

好的服装表演取决于好的决策,总策划由主办方选派具体的人员担任,负责所有的组织、策划、实施过程和执行工作。经反复商讨研究,制订策划方案后,应把一些职责分配给相关人员,并根据服装表演的复杂程度来划分不同的职责范围。总策划要监督服装表演的整个过程,预见服装表演过程中可能出现的问题,并灵活处理,保证表演的顺利进行。

## (二)表演编导组

表演编导组负责挑选模特、表演编排、排练并协调有关模特的各种相关活动,如试衣、化妆、发型等。

## (三)舞台场地组

舞台场地组负责舞台的搭建和使用、设备的准备,督导幕后的工作人员,包括设备管理员、灯光师、音响师及场馆管理员等。

## (四)服饰组

服饰组负责表演所需的所有服装、饰品的准备,包括选择服装和饰品,服装解说词的撰写、配合试衣,以及服装和饰品的摆放、熨烫、运输等。

## (五)广告宣传组

广告宣传组负责节目单的编辑推广、派发表演的各种资料、招商、宣传活动,包括新闻资料、新闻照片及设计制作海报、门票、请柬、节目单、签名等,有的表演还需请摄影师来拍摄。

## (六)安全组

安全组负责整个演出活动的安全保卫工作。

## 二　策划的主要内容

### （一）明确演出的目的

根据服装表演举办的目的,服装表演可以分为四类:促销类服装表演、发布信息类服装表演、竞赛类服装表演和娱乐类服装表演。策划者只有明确了演出的目的才能准确地邀请观众、制订演出投资计划,并根据不同的类型进行不同的策划和指导,提出一些特别的要求。

### （二）确定主题

图 8-1

主题是服装表演的灵魂,主题的确定意味着音乐、表演、风格的大致定位,同时,也给设计师及编导确定了方向。主题包括总的主题和分场主题或系列主题。主题命名的灵感和思路可以从流行趋势、服装类别、服装风格、音乐、季节、节日、地点、时事、艺术等多方面考虑。在选择主题时应注意,演出的服装不能脱离主题,要和主题协调,确定主题时也要考虑服装的风格特征。主题要简明,用词要新颖、有感染力,让人产生兴趣并留下深刻的印象,如毕业生作品发布会主题为"呼·吸"(图 8-1);纺大惟尚·孙菊香时装发布会主题为 "暗香流动"(图 8-2),其服装设计的灵感来源于大自然的山水风光。主题是服装表演的中心内容,是表演编排创作的支撑点,一旦主题确定以后,便进入了围绕主题编排设计的构思阶段。

### （三）观众

图 8-2

举办一场服装表演要确定观众是谁。观众是表演的目标群体,策划者要根据观众的规模来选择场地和舞台的规模,如果要限定观众的人数,可以采取预订座位和预发邀请函的方式。

观众分为确定观众和随机观众两种类型。在表演开始前就组织好的观众以及位列邀请名单里的观众是确定观众,而在广告宣传后形成的观众是随机观众。有的服装表演是为了吸引顾客或发掘新的客户群等,这样的观众群大都是随机观众。

策划者需要考虑观众的职业,不同职业的观众,对服装的要求也不同。还要考虑观众的收入和消费水平,如果是促销类的表演,商品太贵则会使消费者望而却步,如果商品太廉价,也达不到促销目的,所以商品要和观众的收入及消费水平相当。另外还要考虑观众的年龄,当观众多为年轻群体时,可选择较前卫夸张的服装及表现方法,音乐方面也可以选择节奏较强的音乐。而中年群体是相对成熟一些的观众,要注重细节,音乐应较舒缓温和一些。如果观众结构复杂,表演要照顾大多数的观众,既不要太嘈杂也不要节奏太慢而使人感到厌倦。对于部分服装表演还需要考虑观众的性别等因素。

### (四)演出时间和地点

确定了演出的时间和地点后,相关部门可按照时间做好相应的安排,比如设计制作海报、请柬和门票(图8-3~图8-9),确定彩排、试装、化妆的时间和邀请嘉宾等事宜。在演出时间长短上,不同类型的演出其时间也有差异,一般中小型服装表演的时间掌握在20~30分钟,大型服装表演也不宜超过40分钟。演出的地点、场地、环境、现场条件及交通等问题要根据演出的类型、规模及经费等因素来考虑。

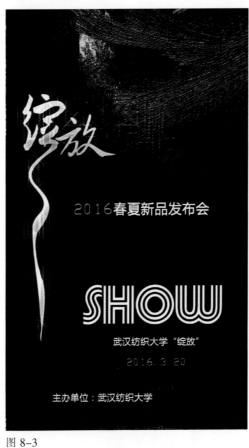

图8-3

图8-4

图8-5

图 8-6

图 8-7

图 8-8

图 8-9

## 三 服装表演编导的职责

对于服装表演编导来说，首先要了解企业文化、品牌风格、品牌定位，熟悉服装作品的设计思想、理念，了解服装的款式、风格、特点。不同性质的服装表演，决定了表演形式、表演手法的不同。由于表演的主题和目的不同，特点也就不同。编导在进行服装表演整体观念的构思时，首先需要有一个明确的创作理念，然后利用服装、模特、音乐、灯光、舞台等来充实、完成这一理念，并将其展示在服装表演上。编导的整体构思应在惯例允许的范围内努力寻找新的创意，还应注意服装表演整体结构布局的完整性和统一性，从而创造出一场具有审美价值的服装表演。

图 8-10                    图 8-11

### （一）编导的构思

编导的艺术构思是一个完整的艺术计划，包括了编导的知识结构、艺术的感觉和知觉，以及对事物的认知力，实际是综合运用自我的思想和能力的一种艺术天赋。不同的编排可以有不同的进入方式和切入点，一个好的构思会带来一场精彩的表演。服装表演是时空顺序的排列组合，编导不仅要使其有序地进行，还要使表演引人入胜，编排顺序时要考虑观众的视觉感觉、听觉环境和心理流程，以确保表演的质量和艺术水准。构思开场要新颖，给观众良好的第一印象，以吸引观众；整场表演给观众以高低起伏感，使观众产生期待观看的愿望；结束时则要推出最佳的表演效果，使表演达到新的高潮。编导的构思是一个重要的创作环节，起着至关重要的作用。

### （二）演出风格

服装表演的演出风格是根据不同的演出目的、服装风格、观众的欣赏水平等因素来进行创新与丰富的，一般表演风格分为四类：程式化的表演风格、形式丰富的表演风格、戏剧性的表演风格和舞蹈化的表演风格。

#### 1. 程式化的表演风格

程式化表演是最为常见的服装表演形式。模特从后台两端出场，依次走向前端，行走期间模特会做几次停顿或转身造型，以向观众展示服装的立体效果，其特点是能够使观众的注意力集中，突出服装。另外，T台的简洁造型也使观众能够较快地适应模特的走台路线，将注意力集中于欣赏时装的细节之处，以避免观众因观看表演而产生厌倦感。编导需要从舞美、音乐、灯光、背景、出场次序等方面制造新意。（图8-10~图8-12）

图 8-12

图 8-13

图 8-14

图 8-15

## 2. 形式丰富的表演风格

与简洁的表演风格相比，形式丰富的表演风格更加有趣，模特在 T 台上的移动路线和转身、造型编排较复杂、多样。（图 8-13~图 8-15）

## 3. 戏剧性的表演风格

在已有程式化表演的基础上，突破模特走秀的既定风格，形成一种崭新的表演样式，即在服装表演中有选择性地注入戏剧表演元素，让模特在规定的情境中进行角色性表演。服装展示融入戏剧性表演元素，追求的不是吸收戏剧表演元素量

**125**

的多少,关键在于找准它们之间的恰当融合度,使服装表演和戏剧性表演同频共振,取得事半功倍的服装展示效果。(图8-16~图8-18)

### 4. 舞蹈化的表演风格

在服装表演过程中,编导会恰当地运用舞蹈的动作和节奏,来营造某种氛围或突出某种意境。合理地运用舞蹈能突出表演的主题,使服装风格更加鲜明,但在编排中应注重"度"的把握。(图8-19~图8-22)

图8-16

图8-17

图8-18

图 8-19

图 8-20

图 8-21

图 8-22

**127**

### (三)确定模特及人数

根据演出的风格、类型和档次选择适合的模特,会对表演的成功起到重要的作用。一般个人专场发布会由设计师本人挑选他们自己满意的模特,而文娱演出、促销演出则由编导来挑选模特,竞赛类服装表演则由组委会和模特经纪公司挑选。

对服装表演模特的人数没有明确规定,一般模特都是循环出场,模特人数的确定和整场演出的服装套数、编排方式、演出场地条件和服装穿着复杂程度等几个因素有关。

### (四)选配音乐

服装表演音乐是专门为服装表演创作或选配的音乐,是编导围绕服装表演的主题,结合设计师的设想编排出来的。因此,服装表演音乐的选编一定要与所展示的服装风格相一致。对于编导来说,平时积累大量的音乐素材是关键,因为选配音乐是在大量的音乐素材中挑选完成的,有时也要对音乐进行剪辑和修改。

音乐类型按节奏划分,分为慢节奏、中速节奏和快节奏。各种音乐类型搭配不同的服装,服装模特的表演效果也会截然不同。慢节奏音乐一般适用于晚礼服、旗袍等风格的服装的表演,因为只有抒情缓慢的音乐才能表现出这类服装的高贵、典雅和庄重。中速节奏的音乐可分为中速抒情节奏和中速强劲节奏的音乐。中速抒情节奏的音乐适合休闲装、便装的表演,给人一种舒适的感觉;而中速强劲节奏的音乐则适合职业装的表演。快节奏音乐适合于运动风格的服装,这样给观众一种动感和活力。在服装表演选配音乐时还要考虑特效音乐、观众进场及退场音乐、谢幕音乐、颁奖音乐等。

在服装表演中,音乐起到了桥梁的作用,将服装与表演有机地联系起来。通过借助音乐的意境感、想象力和表现力,一方面所营造和释放出来的心理环境,容易将服装观赏者限制在服装主题蕴含的风格外延的范围内,直接引导观赏者感受设计师的主题和理念等,形成时间和空间的服装观念的互动交流,捕捉设计师服装风格所传达的精神内涵;另一方面,可以引导模特更准确地诠释服装的内涵,把自己对服装的理解和着装的感觉表达出来。音乐是把观众与服装表演的参与者融合起来的通用语言,它能营造气氛,并进一步突出服装所要表达的内容。

### (五)表演设计与舞台调度

表演设计与舞台调度是编导的重要工作,包括出场、进场、行走路线、队形组合的变化等,要通过调度使模特有效地占领表演空间。服装表演是一种流动性大、时间短、变化快、队形组合多、行走路线复杂的艺术。编导应把不同款式、不同风格、不同主题、不同色调、不同季节的服装有机地组合在一起,有层次地搭配起来。表演的场地不一样,对标准的延伸舞台与非标准的舞台的调度也有很大的区别。

表演设计与舞台调度是编导艺术的重要表现手段,是模特与模特之间、模特与舞台之间的组合、位置变换及模特造型动作的设计策划过程,是由编导、模特、舞美、灯光、音乐等共同创作完成的。舞台调度还应考虑主题、服装风格、演出场地及台型特点,同样的服装,由于场地、观赏者的位置、台型的变化,会产生不同的舞台效果,另外,编导的风格不同也会使服装表演产生不同的整体效果。

#### 1. 表演设计与舞台调度的基本要求

首先突出服装秀主题,把最主要的服装作品放在特别显眼的地方,在编排时要通过各种手段,诸如位置、比例、排列、角度等来突出主要作品。其次要主次兼顾,主要作品必须突出,次要作品则应充分起到衬托主题的作用,制造气氛,加强主要部分的效果。主次之间的编排关系是主次分明、各得其所、主次呼应,以达到整体协调的目的。

#### 2. 表演设计应遵循形式美法则

形式美法则是人们在创造美的形式、美的过程中对美的形式规律的经验总结和抽象概括。主要包括对称均衡、调和对比、比例和谐、节奏韵律和统一变化。研究、探索形式美的法则,能够培养人们对形式美的敏感,指导人们更好地去创造美的事物。编导应掌握形式美的法则,在表演设计中能够自觉地运用形式美的法则表现美的内容,达到美的形式与内容的高度统一。

### 3. 模特舞台站位构图设计

模特在T台上大多是直线走台，直线给人爽快、干脆、利落的感觉。根据编排设计也可以曲线走台，还可以横线或者斜线、折线走台。一般来说，在站位构图上可以呈现多人的直线造型(图8-23)、斜线造型(图8-24)、三角形(图8-25、图8-26)、方形(图8-27)、梯形(图8-28)、菱形(图8-29)和圆弧形等。编导根据服装的风格特征和功能特性，设计模特表演的路线、转体的方式、造型及服饰的展示方法。要科学地编排模特表演路线的位移轨迹和在表演中的横、竖、斜、曲、折线等。不同的路线会构成模特之间、模特与观众之间、模特与舞台之间的不同关系，路线改变着队形，队形改变服装表演面貌和观众的视觉效果。

图 8-24

图 8-23

图 8-26

图 8-25

图 8-27

**129**

图 8-28

图 8-29

图 8-30

## (六)试衣和彩排

试衣是服装表演前的一项重要工作，要在表演前几天进行。在试衣时，表演编导应从自身的专业角度及整台服装表演的全局来考虑服装顺序的编排，而不应受模特个人对服装的好恶影响。试衣时，要检查服装是否得体，要特别注意：肩缝要到位；腰、臀部要得体；袖口、裤口或裙摆不能太小或太紧；贴体服装松紧要适度，不影响造型和动作的舒展；拉链、纽扣要平整；帽饰要适合；手套要舒适；插兜要自如。试衣时，设计师或商家要在现场，以指导模特如何表现服装的特点，同时，还要保证一位修改服装的人员或一位能给服装做必要修改调整的专家在场。试衣时还要确定鞋子、服饰是否由模特自己准备，如果是由其自己准备，最好先试一试，确定和服装配合起来后的整体效果是否和谐。

彩排是在表演前，把各环节有机地统一起来，按正式表演程序所进行的预演，其目的是按表演方案检验实际效果，使各环节得以默契配合，准确地完成表演。

彩排最好能够进行实地彩排，若条件不允许，则要使彩排场尽量与正式表演场地相似，同时，还要对舞台美术、舞台音响状况、灯光效果等进行全面的了解。

彩排时，从编导到模特，从前台工作人员到后台辅助人员，都必须按照正式表演要求进入表演角色和工作状态。彩排中，编导在整体把握的基础上，应对每一环节的到位程度、相互协调水平和时间进度等进行缜密核准，对存在的问题进行纠正与调整，对原方案考虑不足的部分进行充实、改进和提高。彩排不是一次就能完成的，常常需要多次，直到彩排的表演水平达到设计方案的要求为止。

## (七)服装表演开场与谢幕

### 1. 开场

服装表演开场要有创新，要给观众意想不到的效果，开场是整台表演的高潮，需要结合音乐以及灯光、音响的配合和变化。服装表演常见的开场形式有以下几种：一是活力激情式开场，模特应着动感、活力的服装，以青春、活泼、健美的动态进行表演展示，使全场迅速达到热烈、欢快的氛围；二是休闲轻松式开场，伴随着轻松、舒缓的中速节奏音乐，模特应着休闲服装，在 T 台上采用自由、潇洒的情绪进行表演，将舒适、自然的场面展现给观众；三是个性创意式开场，一般配上具有神秘感的音乐以及特殊的灯光和舞美效果，模特应着科幻或超前的服装，运用特殊、夸张的动作加以表演，这种开场形式会使观众迅速进入一种虚幻般的梦境世界。开场可

以是一名主秀模特单独出场(图8-30),也可以是多人一起出场。(图8-31~图8-32)

在艺术形式上,服装表演可以选用舞蹈的艺术形式开场,比如芭蕾舞(图8-33)、街舞、机械舞等;可以选用带有情景的戏剧化形式开场;也可以选用民间艺术开场(图8-34)等。

**2. 谢幕**

一台服装表演要有始有终,让观众能够精神饱满地观看完整的展示,并留下深刻、完美的印象,因而结尾部分也是整台演出的关键部分。谢幕也是表演的另外一个高潮,一般都会以模特集体谢幕的形式结尾(图8-35~图8-37)。在全体模特谢幕时,模特们将穿着最后一套服装展示和亮相。这个过程相对较快,模特不需台前造型,只需保持距离和队形。最后推出设计师谢幕,这时尾声的音乐要更加沸腾、激昂。

图 8-31

图 8-32

图 8-33

图 8-34

**132**

图 8-35

图 8-37

图 8-36

## 四　服装表演的幕后工作者

一场精彩的服装表演是需要许多人共同努力才能完成的。除编导和模特外,还需要许多其他幕后工作者。在舞台总监的指挥下,全体工作人员应井然有序地完成各自的工作。服装表演的相关工作人员可以根据工作场地的不同分为前台工作者与幕后工作者。幕后工作者对服装表演的顺利进行起到了非常重要的作用,是整场服装表演不可缺少的组成部分。

### (一)舞台监督

舞台监督的职责是对整个表演的过程进行监督,使音乐、灯光与背景和服装相一致,使每场之间顺利衔接,使服装表演按照计划圆满完成。

舞台监督人员应头脑清楚、反应迅速并富有经验,对整场服装表演的细节熟记在心,包括每场的背景、灯光、音乐、上场模特、模特服装、上场方式及走台方式等。在正式的服装表演中,他常常佩戴带有微型麦克风的耳机,一面和前台工作人员联系,提醒有关人员变换背景、灯光及音乐,另一方面提醒后台模特及时准确地上场。一旦出现意外,他必须立即做出处理,保证表演的顺利进行。舞台监督的角色通常由编导来担任,如果不是编导,也应由一个熟悉彩排过程的人员来担任。

### (二)催场员

催场员的职责是配合舞台监督,在服装表演中根据表演顺序展示上一系列服装时,督促展示下一系列服装的模特迅速着装完毕,在入口处等待。催场员必须熟知每位模特的出场顺序,并对模特的形象有准确无误的记忆,提醒模特勿穿错服装或抢先出场,尽量让模特以最快的速度换装完毕,为服装表演的顺利进行争取时间。

### (三)检查员

一场演出如果没有熟悉服装、配件与道具的人,对每一位候场的模特穿戴的服饰做最后的检查,很有可能给表演带来一些细节上的失误。检查员的职责就是对服饰做最后的检查。检查员在模特训练时就已经开始工作,他们记录下每位模特在每场表演中所穿着的服装、配件以及道具,并随情况的变更及时纠正。检查员在服装表演开始之前就应做到心中有数,表演进行时,还应对每位将上场的模特的形象进行整体检查,一旦发现错误必须及时纠正。

### (四)发型师与化妆师

风格迥异的服装表演,对模特的妆型要求也各不相同。商场或一些小型场所的简单表演常常不需要专门的化妆师与发型师,模特可以自行化妆、做发型,而大型的、要求较高的服装表演常常需要专门的化妆师与发型师为模特化妆及造型。需要化妆师与发型师时,编导或设计师会在演出前留出专门的时间给化妆师与发型师,为模特逐一化妆、做发型,使服装表演的整体形象更为清晰、统一。

为了让化妆师与发型师的工作更方便,后台应专门安排场地供他们使用。该处应具备可插电吹风的插座、供化妆师与发型师工作使用的桌椅,如有条件,还应放置一面尽可能大的镜子,使化妆师与发型师从各个角度检查化妆与发型的效果。化妆师应在演出之前将模特的妆化好,并与所表演的服装相协调。在演出过程中,化妆师也要经常检查模特的妆是否在表演过程中被损坏。另外,为了与所换服装的颜色、特点相协调,化妆师还要对模特进行补妆等。发型师要按设计的要求做发型,在整个表演过程中,发型师还要留意模特的发型变化,不断修整发型,使其保持正确的发型出场,特别是模特配用了帽子和其他发饰之后,发型极容易被破坏,因此更需要发型师随时检查、整理。由于模特换场的时间很短,因此,发型师应反应敏捷,并且具有较高的工作效率。

### (五)风格师

风格师负责的是完善每位模特的整体形象。在挑选模特之前,编导或设计师已经确定了服装与配饰。但所确定的服装与配饰应由哪个模特来穿着更合适,就要通过模特试衣以后才可以确定。试衣时,风格师对每位模特的形象加以审视,决定合适与否,或对服饰做必要的更换或稍加处理,如项链是否过长,帽形是否不佳,大衣偏短可否与另一位模特交换等,调整之后,应使每位模特的形象与其所穿着的服装达到最大限度的和谐统一。

### (六)穿衣工

模特要展示的服装常常较多且复杂,在服装表演后台就需要穿衣工帮助模特穿脱服装。大型的服装表演通常是1名模特配1名穿衣工,而小型的服装表演中,1名穿衣工可以为2~3名模特服务(如果来得及),在服装表演中,每位模特在展示第一套服装时是最从容的,一旦展示完毕,回到后台,准备第二套服装时,紧张工作就开始了,模特必须在两三分钟内将服装全部穿戴完毕,这时就需要穿衣工的配合了。穿衣工的主要工作是为模特解开纽扣、拉下拉链、在模特脱上衣时帮他下装,给模特找出相应的鞋以及配件与道具等。一名经过专业训练的穿衣工在两三分钟内可以干脆利落地完成这一切,如果是新手,只要在模特训练、彩排的时候对工作进行熟悉和训练,正式演出时一般都可以胜任。当然,穿衣工的工作不仅仅是帮助模特穿脱服装那么简单。穿衣工必须和模特一样熟悉服装的上场顺序,每套服装的组成、配件与道具,还要在怎样最快地帮助模特穿脱服装上动脑筋。另外,穿衣工还担负看管与护理服装的任务:每场演出前后,要清点服饰,并对服装进行检查,发现需要修改的地方还要及时修补,另外,那些需要熨烫的服装也应及时处理。一名称职的穿衣工,可以通过与模特的协调配合为模特减轻换装的压力,使其轻松走向前台。

### (七)熨衣工与修补工

服装表演中,服装起皱或受损是时常发生的事情,因此,后台配备熨衣工与修补工是十分必要的。模特试衣时服装如果不合适,修补工可以立刻根据模特的体型对服装加以修改;如果模特因故不能上场而需要另一位模特替补时,修补工需根据替补模特的身材对服装稍加修改。如果时间允许,熨衣工与修补工可以兼顾。另外,由于这种工作对技术上的要求较高,因此,一般会聘请手艺娴熟的缝纫师担当此任。

### (八)保安人员

服装表演的服饰由于经过精心挑选和制作,因此拥有较高的价值,毛皮服装及高级女装尤其如此,为了确保这些服饰的安全,服装表演中还会为后台配备保安人员,负责服饰的保安事宜。后台的物品分为两类,一类为表演用品,一类为工作人员及模特的私人用品。为了方便保管,第二类物品往往会集中于一处。保安人员从服装表演训练期开始直到正式演出结束,都需对后台加以严格看管,无关人员除非特别允许,否则不可进入后台。为确保安全,后台内是严禁吸烟的,保安人员还需对此加以监督。另外,在训练及表演结束后,保安人员还要对后台各种设施加以检查,在确保安全后方可离开。

### (九)解说员

在服装表演时,要使服装得到最完美的展示,还要用语言渲染气氛或对服装的重要细节加以解释,以帮助观众更全面地了解服装,因此,在表演中需要安排解说员。解说员有两种,幕前解说员与幕后解说员。幕后解说员一般要求口音标准,发音流利动听,对形象没有要求。有时在表演之前就可以将解说词的内容撰写出来,然后邀请专门的人员录音,在正式演出时播放即可。幕前解说员(即主持人)的要求较高,不仅形象要好,还应具备节目主持人的素质,即流畅的表达能力与随机应变的协调能力,另外,还应对服装有所了解,熟悉台词,在表演出现某些意外(如冷场时)的情况下,迅速、自然地找到话题,将观众的注意力从表演台转向主持人,避免尴尬情况的发生。解说员可以从电台或电视台中邀请主持人担任,也可以从本身的工作团体中寻找胜任者,前者的优点是主持能力强,后者的长处是熟悉服装表演,可以更透彻地向观众解说服装表演。

### (十)服务人员

在服装表演开始前,入口处一般会设置一个接待台,邀请来宾签名并向他们赠送有关表演的资料,另外,还应有专门的服务人员将特邀嘉宾引向专门的席位。服务人员要求着装整齐,彬彬有礼,因为他们是演出前留给来宾的第一印象。如果表演在宾馆内举行,组织者可以向宾馆申请借用宾馆服务人员。

### (十一)宣传人员

大型的服装表演设有招商宣传处,主要负责招商和对外宣传等事宜。宣传主要由编辑和项目负责人负责,他们还同时负责服装表演相关新闻的发布。从事这类工作的人员,要具有较强的社交能力,能使媒体对其服装表演产生极大的兴趣,从而关注其表演,并使其被报道于报纸、杂志、电台或电视的重要位置,使该服装表演形成一定的社会影响,从而扩大知名度。另外,为服装表演印发请柬、邀请各类人士及安排席位和酒会等活动也常常由宣传人员负责。

## 五 服装表演的经费预算

经费是策划一场服装表演首要考虑的问题,策划者要根据表演的层次、内容、场次、模特数量等,在服装表演实施之前制订一个全面的经费预算,包括演出收入和支出、节余等。另外会有一些意想不到的费用,因此预算必须留有余地。进行一场服装表演,要有一定的先期投入,组织者要根据经费的多少,确定演出的档次及模特数量等。根据演出的性质和目的不同,支出项目会有所变化,如赛事需支出评委费、发布会需发礼品等。

### (一)场地租赁费

场地租赁费是举办一场服装表演所有费用中支出最大的一项费用。考虑场地租赁时,要注意场地是否提供灯光、音响和表演台,如不包括灯光、音响、表演舞台,还要另做预算。

计算场地租赁费时要将搭建设备的时间、服装表演的时间、供应茶点的时间和清洁卫生的时间内发生的费用都算进去。如果需要前期排练,使用表演场地的费用也必须包含在开支中,如果不使用表演场地排练,就要安排另外的场地进行排练,这个费用也需纳入预算中。

### (二)音乐、灯光制作费

音乐制作是指将服装表演用的音乐进行编辑或请专人配曲。对于大型演出而言,这是不可缺少的一部分。灯光制作是指专门制作幻灯(投影)片、特殊灯光等。一般大型专业性演出需要此项费用,其他演出一般不予考虑。

### (三)模特出场费

模特出场费的多少一般是由当地的通用价格、表演规格、模特名气、代理公司的名气决定的。费用一般是按演出场次计算酬金,这对一些兼职的"模特"是最合适的,也有按天数计算酬金的,日薪模特一般来说相对稳定一些。除了酬金之外,有时模特还会得到一些额外的报酬,如交通费、道具购买费等。超时工作模特应得到超时费用。如果客户对模特提出特殊要求,比如需要染发、烫发等,客户必须另外付一笔耗损费。另外,顶级模特拍摄服装或品牌的价格要比走台模特酬金更高,泳装模特和内衣模特的价格也相对较高。

### (四)编导费

编导工作会直接影响整场演出的效果,是一项技术性和艺术性都很强的工作,所以编导的酬金也是一项不可低估的预算。

## (五)化妆、发型制作费

一场较高规格的服装表演,离不开化妆师和发型师的配合,所以这项费用应考虑在预算里,但简易的服装表演不需要专门的化妆师和发型师,模特自己可以解决化妆和发型的话,就不存在该项费用了。

## (六)宣传和广告费

宣传和广告费包括媒体广告费、宣传品及入场券制作费等,与宣传广告相关联的活动都应该包含在预算中,包括设计、制作及分发这些材料的所有内容,比如邀请函、海报、节目单和门票都需要设计和印刷。邀请函必须邮寄或在报纸、杂志上印刷出来。如果使用门票,购买商家的优待券或设计特殊的个性化门票都将是一笔花费。

广告费用还包括印刷材料的图案设计或编排,还有摄影、录像、摄影棚租金、撰写新闻发布的图片以及任何与广告宣传有关的费用都要包括在预算中。如果广告计划中包括广播或电视节目的播出费用,那么广告的费用就成为预算的一个部分。购买报纸或杂志版面所占的费用也必须纳入预算。

## (七)交通费

交通费包括外地模特往来交通费、市内排练及演出往返交通费、服装和道具的运送费等。

## (八)服饰及道具租赁费

为了提高演出效果,对于不同风格的服饰,可以配以不同的饰物点缀,这也需要一定的支出。道具租赁主要是指大型道具租赁,比如灯光设备、音响设备、椅子、桌子、背景设置、装饰品或特殊道具等。

## (九)餐饮费

餐饮服务费用预算需要估计三个阶段的费用:第一是在排练、演出期间的就餐和饮料费用,就餐人员应包括全体演职人员;第二是在演出期间提供给评委及嘉宾代表和与会代表的食物和饮料;第三是在排练、搭建设施和清理卫生期间向工作人员提供茶水的费用。

## (十)工作人员劳务费

工作人员劳务费包括摄影师、音响师、录音师、舞台监督、电工、穿衣工、催场员、修衣工、熨烫工、讲解员、保安、接待员等所有工作人员的劳务费。

## (十一)招待费

有的演出需要为嘉宾安排住宿和娱乐活动,还包括馈赠礼品等的费用。根据演出的性质和目的不同,还有一些费用如礼品、税费和服装大赛、模特比赛的评委费用等。在制订演出预算时,还要考虑一定的不可预见费。

**思考与练习**

1. 由学生编导和策划一场服装秀,要求表演设计创意新颖,服装成系列。

2. 运用戏剧性的表演风格,把情节、情景恰当融入编排,并结合适当的音乐、道具展示。

3. 制作服装表演策划方案册。

# 参考文献

[1]尹敏.服装表演艺术[M].武汉：湖北美术出版社,2008.

[2]徐宏力,吕国琼.模特表演教程[M].北京：中国纺织出版社,1996.

[3]吴卫刚.时装模特儿培训教程[M].北京：中国纺织出版社,2000.

[4]关洁.服装表演组织与编导[M].北京：中国纺织出版社,2008.

[5]包铭新.时装鉴赏艺术[M].上海：中国纺织大学出版社,1997.

[6]张舰.T台幕后：时尚编导手记[M].北京：中国纺织出版社,2009.

[7]刘志红.形体练习教程[M].北京:高等教育出版社,1999.

[8]李育林.健与美教程[M].南京:南京大学出版社,2002.

[9]柳文博,施建平.时装表演刍议[J].国外丝绸,2007(4).

[10]张原,王坚.商业性服装表演的策划定位研究[J].西安工程大学学报,2009(6).

[11]陈洁.服装表演的组织策划技术应用研究[J].广西纺织科技,2009(4).

[12]王伟.浅谈服装表演的编导与策划[J].职业,2009(15).

[13]关洁.模特职业感觉解析[J].美与时代,2004(3).

[14]朱焕良,霍美霖.发布会时装秀的舞美设计研究[J].电影文学,2009(14).

[15]陈宝珠.以形体训练培养高素质人才探析[J].体育文化导刊,2007(10).

[16]汪蓉.形体训练课程内容体系的构建研究[J].湖北体育科技,2008(1).

[17]丁红.高校时装模特专业训练的综合模式[J].苏州市职业大学学报,2005(4).

[18]张原.服装表演舞台设计的视觉表现形式[J].西安工程科技学院学报,2007(4).

[19]张轶.论服装表演中舞台灯光的运用[J].艺术百家,2007(S2).

# 后记

　　本书从开始酝酿、策划、撰写大概用了两年时间,在此感谢支持帮助我的领导、同事、家人、朋友及武汉纺织大学表演专业的学生们。同时,感谢西南师范大学出版社的领导、编辑;感谢本书的摄影师杨轮老师与段晓宏老师的帮助;感谢模特张玥、方雨轩、周洲、闫佳霖等几位同学的大力支持。

　　由于学术能力及写作仓促等因素制约,本书在一些观点、方法上难免会有疏漏,甚至有的地方有待推敲,在此恳请专家老师及同行师长指正并提出宝贵建议。

　　希望本书能够给同学们及服装表演爱好者带来一点帮助。

高等院校服装专业教程
服装表演实训

图书在版编目(CIP)数据

服装表演实训 / 郭海燕编著. —— 重庆：西南师范
大学出版社，2016.6
高等院校服装专业教程
ISBN 978-7-5621-7951-1

Ⅰ.①服… Ⅱ.①郭… Ⅲ.①服装表演–高等学校–
教材 Ⅳ.①TS942

中国版本图书馆 CIP 数据核字(2016)第 093382 号

# 高等院校服装专业教程
# 服装表演实训

郭海燕　编著

责任编辑：王　煤
装帧设计：梅木子
出版发行：西南师范大学出版社
　　　　　地址：中国·重庆·西南大学校内
　　　　　邮编：400715
　　　　　网址：www.xscbs.com
经　　销：新华书店
制　　版：重庆海阔特数码分色彩印有限公司
印　　刷：重庆康豪彩印有限公司
开　　本：889mm×1194mm　1/16
印　　张：9.25
字　　数：200 千字
版　　次：2016 年 6 月第 1 版
印　　次：2016 年 6 月第 1 次印刷
书　　号：ISBN 978-7-5621-7951-1

定　　价：48.00 元